W0179989

UTB **3012**

Eine Arbeitsgemeinschaft der Verlage

Böhlau Verlag · Köln · Weimar · Wien
Verlag Barbara Budrich · Opladen · Farmington Hills
facultas.wuv · Wien
Wilhelm Fink · München
A. Francke Verlag · Tübingen und Basel
Haupt Verlag · Bern · Stuttgart · Wien
Julius Klinkhardt Verlagsbuchhandlung · Bad Heilbrunn
Lucius & Lucius Verlagsgesellschaft · Stuttgart
Mohr Siebeck · Tübingen
C. F. Müller Verlag · Heidelberg
Orell Füssli Verlag · Zürich
Verlag Recht und Wirtschaft · Frankfurt am Main
Ernst Reinhardt Verlag · München · Basel
Ferdinand Schöningh · Paderborn · München · Wien · Zürich
Eugen Ulmer Verlag · Stuttgart
UVK Verlagsgesellschaft · Konstanz
Vandenhoeck & Ruprecht · Göttingen
vdf Hochschulverlag AG an der ETH Zürich

ZUR ERINNERUNG
AN MEINEN VATER
KARL-HEINZ MAINZER
1927-2008

Klaus Mainzer

Komplexität

Wilhelm Fink

Der Autor: Prof. Dr. Klaus Mainzer, Lehrstuhl für Philosophie und Wissenschaftstheorie und Direktor der Carl von Linde-Akademie der Technischen Universität
München, Mitglied u.a. der Europäischen Akademie der Wissenschaften (Acade-
mia Europaea in London), Autor von zahlreichen Büchern zur Komplexitätsforschung mit internationalen Übersetzungen.

Bibliografische Information der Deutschen Nationalbibliothek.

Die Deutsche Nationalbibliothek verzeichnet diese Publikation in der
Deutschen Nationalbibliografie; detailliertere bibliografische Daten sind
im Internet über http: //dnb.d-nb.de abrufbar.

© 2008 Wilhelm Fink Verlag GmbH & Co. Verlags-KG
Wilhelm Fink Verlag GmbH & Co. Verlags-KG, Jühenplatz 1–3, 33098 Paderborn
ISBN: 978-3-7705-4606-0

Printed in Germany
Satz: Ruhrstadt Medien, Castrop-Rauxel
Layout & Einbandgestaltung: Alexandra Brand auf Grundlage der UTB-Reihen-
gestaltung von Atelier Reichert, Stuttgart
Herstellung: Ferdinand Schöningh GmbH, Paderborn

UTB-Bestellnummer: ISBN 978-3-8252-3012-8

Inhalt

Einführung

Komplexität im Profil

Anhang:

Einführung

Die Bedeutung des Themas im Studium

Das Thema »Komplexität« behandelt eines der aufregendsten und spektakulärsten Lehr- und Forschungsgebiete der letzten Jahre. Im Zeitalter der Globalisierung werden die Lebensbedingungen der Menschen immer komplexer und unübersichtlicher. Täglich erleben wir die labilen Gleichgewichte in Politik, Wirtschaft und Gesellschaft. Einige fürchten den Verlust gewohnter Besitzstände und den Absturz ins Chaos. Andere sehen die Chancen kreativer Innovation und den Aufbruch zu neuen Märkten. Chaos, Ordnung und Selbstorganisation entstehen nach den Gesetzen komplexer dynamischer Systeme – in der Natur und der Gesellschaft. Komplexe dynamische Systeme werden bereits erfolgreich in Technik- und Naturwissenschaft untersucht – von atomaren und molekularen Systemen in Physik und Chemie über zelluläre Organismen und ökologische Systeme der Biologie bis zu neuronalen Netzen der Gehirnforschung und den Computernetzen im Internet. Mittlerweile werden auch Anwendungen in Wirtschafts-, Finanz- und Sozialwissenschaften untersucht. Was können wir aus Chaos, der Entstehung von Ordnung und Selbstorganisation in der Natur lernen? Wo sind grundlegende Unterschiede in der Dynamik von Natur und Gesellschaft? Welche Konsequenzen lassen sich aus der Wissenschaft vom Komplexen für unser Entscheiden und Handeln ziehen?

Das Buchprojekt liegt an der Schnittstelle von Geistes-, Sozial- und Wirtschaftswissenschaften mit Technik- und Naturwissenschaften. Seine Inhalte werden daher in Vorlesungen und Seminare für Studierende der Fächer Philosophie, Psychologie, Soziologie und Wirtschaftswissenschaften ebenso berücksichtigt wie in den Naturwissenschaften, Mathematik und Informatik. Über die Anrechnungsmöglichkeiten entsprechender Veranstaltungen in den genannten Fächern hinaus besitzt dieses Thema erfahrungsgemäß hohe Attraktivität in Managementkursen, in denen der Autor seit Jahren tätig ist.

Das Thema wird in dieser Publikation mit Blick auf die Modularisierung der genannten Studiengänge im Bologna-Prozess einführend, allgemeinverständlich, anschaulich (mit Grafiken), übersichtlicher Gliederung (mit Kern- und Merksätzen) und Glossar behandelt. Jedes der folgenden Kapitel ist als für sich lesbares und bearbeitbares Themenpaket konzipiert und kann daher als eigener Ausbildungsbaustein verstanden werden. Der Verfasser hat dazu englische Standardwerke in mehrfachen Auflagen und Übersetzungen verfasst. Bei dem Band UTB Profil wird auf in vielen Semestern bewährtes Kursmaterial zurückgegriffen und der Adressatenkreis der Studierenden berücksichtigt.

Gliederung

Grundlegende Einsichten in die Komplexität der Welt verdanken wir fachübergreifend unterschiedlichen Disziplinen und Theorien:
- Am Anfang stehen Mathematik und Informatik mit *Komplexität und Berechenbarkeit* (*Kapitel 1*). Wir unterscheiden Berechenbarkeitsgrade der Komplexität von Problemen, Prozessen, Algorithmen und Computerprogrammen. Mathematik und Informatik liefern erste präzise Maßstäbe für Komplexität, die anschaulich erläutert werden.
- Dabei ist die Welt keineswegs determiniert, wie das 17. bis 19. Jahrhundert überwiegend glaubte. *Wahrscheinlichkeit* und *Statistik* dominieren die Natur-, Wirtschafts- und Sozialwissenschaften im 20. und 21. Jahrhundert (*Kapitel 2*).
- Mit dem Wahrscheinlichkeitsbegriff eng zusammen hängt der *Informationsbegriff* (*Kapitel 3*). Signalrauschen, Entropie, Redundanz und Kommunikation sind Kriterien einer Informationsflut, die Natur und Gesellschaft überrollt. Wie lässt sich die Zunahme von Unbestimmtheit (Informationsentropie) bestimmen? Warum wird die Welt unberechenbarer und unbestimmbarer?
- Newton beschränkte sich noch auf einfache *dynamische Systeme*, die nach Laplace vollständig berechenbar sind (*Kapitel 4*). Dazu wurde eine vereinfachte (»lineare«) Kausalität angenommen, wonach Ursachen und Wirkungen immer proportional sind. In komplexen (»nichtlinearen«) Systemen können kleinste Veränderungen von Ursachen zu globalen Veränderungen führen. Systeme werden instabil und chaotisch. Allerdings können auch Ordnungen entstehen, die nicht durch die Summe der Systemelemente erklärbar sind, sondern nur durch ihre komplexe Wechselwirkungen. Dabei lassen sich Komplexitätsgrade der Dynamik und ihrer Attraktoren vom stabilen Gleichgewicht über reguläre Schwankungen bis zum Chaos unterscheiden.

Mit den Komplexitätsgraden von Berechenbarkeit (Kapitel 1), Wahrscheinlichkeit (Kapitel 2), Information (Kapitel 3) und Dynamik (Kapitel 4) sind die Grundbegriffe gegeben, um Modelle und ihre Komplexität von Evolution, Geist und Gehirn, Wirtschaft und Gesellschaft zu untersuchen:

- In *Kapitel 5* wird die *biologische Evolution* als komplexe Systemdynamik vorgestellt, in der die Entstehung von Leben erklärbar wird.
- Auch *Gehirne* lassen sich als komplexe dynamische Systeme auffassen, in denen sich feuernde Neuronen in Clustern verbinden (*Kapitel 6*). Instabilität und Chaos entsprechen nun neuronalen Aktivitätsmustern, die mit Kognition und Emotion, Entscheiden und Handeln korreliert sind. Neuropsychologie wächst unter dem Gesichtspunkt der Komplexität mit Kognitionspsychologie und Philosophie des Geistes zusammen.
- Eine der bemerkenswertesten Anwendungen von Komplexitätsforschung und nichtlinearer Dynamik liefern heute Modelle aus Wirtschaft und Gesellschaft. In *Kapitel 7* wird zunächst an das ökonomische Gleichgewichtsmodell von Adam Smith erinnert, das nach dem Vorbild Newtonscher Dynamik entwickelt wurde. Wie in vielen neoklassischen *Wirtschaftsmodellen* heute wird dabei rationales Handeln und Entscheiden (»homo oeconomicus«) bei vollständiger Information unterstellt. Dieser idealisierte (»reibungslose«) Markt ohne Informationsentropie erlaubt zwar Berechnungen, die aber wenig mit ökonomischer Realität zu tun haben. Tatsächlich ist nichtlineare Dynamik durch Instabilitäten bestimmt, die sowohl Abstürze als auch Innovationsschübe bedeuten können. Finanzmärkte erzeugen instabile Zustände, deren nichtlineare Dynamik an die Turbulenzen von Stürmen erinnern Wie lassen sich Vorwarnungen in gefährlichen Situationen angeben?
- Auch in Politologie und Soziologie standen Gleichgewichtsmodelle am Anfang. In *Kapitel 8* wird dazu an verschiedene historische Modelle der *Staats-, Organisations- und Gesellschaftstheorie* erinnert. Tatsächlich treten auch hier Instabilität und Phasenübergänge auf. Städte- und Verkehrsplanung zeigen bemerkenswerte praktische Anwendungen komplexer Systeme, die Grundlage für Entscheidungsprozesse werden. Wahltrends und Meinungsanalysen (Demoskopie) unterliegen ebenfalls komplexer Systemdynamik. Organisationstheorie und Komplexitätsmanagement wachsen zusammen.
- Nach den Anwendungsmodellen in Informatik, Natur-, Technik-, Wirtschafts- und Sozialwissenschaften geht es im letzten *9. Kapitel* um die *Philosophie der Komplexität*. Dabei wird Wissenschaftsphilosophie als Teil des Forschungsprozesses verstanden, der sich mit den Grundlagen, Prinzipien und Methoden der Modellbildung beschäftigt. In der

Ethik geht es um Orientierung unseres Handelns und Entscheidens in einer komplexen Welt.

Zum Stand der aktuellen Debatte

Komplexitätsforschung führt unterschiedliche Denkansätze zusammen, die aus den verschiedenen Wissenschaften gewonnen werden. Einerseits sind die Wissenschaften heute hochausdifferenziert und in einer komplexen Vielfalt von Einzeldisziplinen spezialisiert. Andererseits haben es Wissenschaften selber in Natur und Gesellschaft mit hochkomplexen Systemen zu tun – von komplexen atomaren, molekularen und zellulären Systemen in der Natur bis zu komplexen sozialen und wirtschaftlichen Systemen in der Gesellschaft. Komplexitätsforschung beschäftigt sich fachübergreifend mit der Frage, wie durch die Wechselwirkung vieler Elemente eines komplexen Systems (z.B. Moleküle in Materialien, Zellen in Organismen oder Menschen in Märkten und Organisationen) Ordnungen und Strukturen entstehen können, aber auch Chaos und Zusammenbrüche. Komplexitätsforschung hat das Ziel, Chaos, Spannungen und Konflikte in komplexen Systemen zu erkennen und ihre Ursachen zu verstehen, um daraus Einsichten für neue Gestaltungspotentiale der Systeme zu gewinnen.

Dazu werden neue Grundbegriffe, Meßmethoden, Modelle und Algorithmen eingeführt. So lassen sich komplexe Ordnungen durch Ordnungsparameter charakterisieren. Ordnungen entstehen ebenso wie Chaos und Zerfall in kritischen Zuständen, die von Kontrollparametern eines Systems empfindlich abhängen oder sich selber organisieren. Diese ausgezeichneten Zustände werden häufig auch Attraktoren genannt, da die Dynamik eines Systems quasi wie in einen Wasserstrudel hineingezogen wird. Komplexe Muster von Zeitreihen und anderen Kriterien dienen dazu, im Vorfeld kritische Situationen aus Messdaten zu erkennen und rechtzeitig Vorkehrungen zu treffen. Dabei spielen Computermodelle eine entscheidende Rolle. Die Dynamik komplexer Systeme in Natur und Gesellschaft lässt sich erst seit wenigen Jahren in Simulationsmodellen analysieren, die durch die gesteigerten Rechenkapazitäten von Computern möglich wurden.

Komplexität bestimmt die Wissenschaft des 21. Jahrhunderts. Die Expansion des Universums, die Evolution des Lebens und die Globalisierung von Wirtschaft, Gesellschaft und Kulturen führen zu Phasenübergängen komplexer dynamischer Systeme. Die sich abzeichnenden

Schlüsselthemen dieses Jahrhunderts haben mit Komplexität zu tun. Globale Klimaveränderungen, Erdbeben und Tsunamis werden in Computermodellen komplexer dynamischer Systeme untersucht. Die Nanotechnologie entwickelt neue Materialien aus komplexen molekularen Strukturen. Die Gentechnologie analysiert DNS-Information, die komplexe zelluläre Organismen wachsen lässt. Die Life Sciences beschäftigen sich mit der Komplexität des Lebens. Artificial Life simuliert die komplexe Selbstorganisation des Lebens in geeigneten Computermodellen. Komplexität bestimmt auch die moderne Medizin. Heutige Krankheitsgeißeln der Menschheit wie z.B. Krebs, Herz-Kreislauf- und Gefäßerkrankungen hängen von hochkomplexen Wechselwirkungen ab. Viren mutieren und schaukeln sich zu globalen Infektionen auf, die sich wie Wellen über den Erdball ausbreiten.

Was wissen wir über den Menschen als komplexen Organismus? Komplexitätsforschung kann dabei helfen, Gräben zwischen Natur-, Geistes- und Sozialwissenschaften zu überwinden. Vom Standpunkt der Naturwissenschaften haben wir es zunächst mit einem konkreten komplexen System zu tun – dem aus Milliarden von Nervenzellen bestehenden Gehirn. Dieses komplexe System zeigt uns, wie aus der Integration und den vielfältigen Wechselwirkungen seiner Elemente Ordnung und Struktur entstehen kann – der menschliche Geist mit seinen vielfältigen Fähigkeiten und Begabungen, aber auch mit seiner Gefährdung von Chaos, Desorientierung und Krankheit. Mit Erschrecken werden wir in einer immer älter werdenden Gesellschaft mit vielfältigen Formen von Demenzerkrankungen konfrontiert, die letztlich eine Auflösung menschlicher Identität zur Folge haben. Andererseits erweisen sich moderne Plagen der Gesellschaft wie Suchtkrankheiten und Drogenabhängigkeiten als Programme des Gehirns. Seelische Erkrankungen in hochentwickelten Gesellschaften haben mit diesem komplexen und sensiblen Organ zu tun. Menschliche Würde und Intimität hängen empfindlich davon ab.

Kein wissenschaftliches Thema hat in den letzten Jahren das Selbstverständnis von uns Menschen stärker aufgewühlt als die Forschungsergebnisse der Neurobiologie. Dass die biologische Grundausstattung des Menschen genetisch bestimmt und in der Evolution entstanden ist – daran haben sich viele Zeitgenossen nach Darwin gewöhnt. Wie steht es aber um unsere Persönlichkeit und unseren Charakter, unser Ich und seine Individualität? Fühlen, Denken und Handeln sind, so lehrt die moderne Gehirnforschung, durch die in der Evolution entstandene komplexe Gehirndynamik erklärbar. Die Gelehrten mögen noch um die letzten Feinheiten streiten. Die Gesellschaft hält aber bei solchen Nachrichten spürbar den Atem an: Wie steht es um menschliche Verantwortung und menschliches Gewissen, die seit Jahrhunderten das moralische Fundament unserer Gesellschaften und unserer Rechtssysteme bilden? Welche unbewussten und verborgenen Kräfte wirken in der komplexen Dynamik des menschlichen Gehirns? Wie ist Freiheit dann noch möglich?

Menschen agieren heute in komplexen Organisationen und Gesellschaften. Was wissen wir über deren Dynamik? Damit haben wir uns das komplexeste System vorgenommen, das wir derzeit überhaupt kennen – die menschliche Gesellschaft, in der alle diese komplexen Gehirne, wir Menschen also kommunizieren: Wie ist Denken, Handeln und Entscheiden in solchen komplexen Systemen möglich? Traditionell ist hier das Feld von Juristen, Ökonomen, Sozial- und Geisteswissenschaftlern. Traditionell sind Mathematikern und Physikern Systeme der Gesellschaft mit ihren ungeheuer vielen Freiheitsgraden handelnder Personen viel zu kompliziert, um sich damit zu beschäftigten. Seit einigen Jahren hat sich aber einiges getan. Ursprüngliche Methoden der Physik aus dem Forschungsgebiet nichtlinearer Dynamik und komplexer Systeme werden auf soziale und ökonomische Systeme angewendet.

Hier liegen wichtige Impulse für die Bewältigung komplexer Entscheidungsabläufe in Wirtschaft und Gesellschaft vor. Die Rede ist international von »Econophysics«. Es handelt sich um ein englisches Kunstwort aus den Disziplinennamen »economics« und »physics«. Man kann darüber streiten, wie geschickt diese Bezeichnung ist, da sie in der deutschen Wissenschaftstradition zu sehr an die alte »Soziophysik« des 19. Jahrhunderts erinnert. Die »Soziophysik« hatte sich damals unter dem Einfluss von Darwinismus und einer klassischen deterministischen Physik entwickelt. Jedenfalls versuchte sie, Soziologie und Ökonomie durch die Naturgesetze dieser Disziplinen zu erklären. Damit hat die moderne Econophysics nichts zu tun. Sie wendet vielmehr mathematische Methoden der nichtlinearen Dynamik und der komplexen Systeme an, die unabhängig von speziellen naturwissenschaftlichen Modellen sind. Anwendungsgebiet sind Daten von Finanz- und Wirtschaftsmärkten, deren Dynamik es herauszufinden gilt.

Nur so besteht eine Chance, zu Prognosen und Vorwarnsystemen für zukünftigen Ereignissen zu kommen. Dabei stellt sich zwar eine bemerkenswerte Analogie mit Wetter- und Klimamodellen heraus, die aber in anderer Hinsicht völlig verschieden sind. So sind bereits Börsendaten

Messungen von subjektiven Glaubensannahmen, Meinungen und Hoffnungen, die Wirtschaftsdynamik beeinflussen, d.h. etwas verändert sich messbar, weil wir es wünschen, glauben, hoffen oder befürchten. Dabei kommt es zu charakteristischen Rückkopplungen zwischen Handelnden, ihren Absichten und Modellen sozialer Wirklichkeit. Solche Rückkopplungen sind in der Naturwissenschaft nicht bekannt, können aber durch die nichtlineare Dynamik komplexer Systeme erfasst werden. Um die Eigentümlichkeit sozialer und wirtschaftlicher Entwicklungen zu betonen, ziehe ich die Bezeichnung »Sociodynamics« bzw. Soziodynamik vor. Traditionelle soziologische Systemtheorien, wie sie z.b. von Niklas Luhmann vorgetragen wurden, beziehen sich demgegenüber auf ältere kybernetische und neurobiologische Theorien des letzten Jahrhunderts (z.B. H.R. Maturana und F.G. Varela). Einerseits fehlt diesen Theorien häufig der Bezug zu logisch-mathematischen Methoden. Andererseits fehlt manchmal auch die empirische Bodenhaftung zu den empirischen Sozial- und Wirtschaftswissenschaften. Die Situation erinnert daher historisch an die spätmittelalterliche aristotelische Physik vor Galilei. Die älteren Systemtheorien lassen sich allerdings als Vorstufen einer fachübergreifenden Komplexitäts- und Systemforschung betrachten, die sich nun abzeichnet. Sie ist keineswegs abgeschlossen, sondern als offener Forschungsprozess zu verstehen.

Es geht jedoch nicht nur um empirische und mathematische Modellbildung. Welche Konsequenzen folgen aus diesen Einsichten in das Handeln und Entscheiden in komplexen Systemen jenseits heute möglicher mathematischer Modelle? Alle Erfahrungen zeigen uns, dass Entscheidungsverhalten in politischen und wirtschaftlichen Systemen letztlich auf einer tiefer liegenden Schicht beruht. Menschen entscheiden und handeln nämlich bewusst oder unbewusst auf der Grundlage rechtlicher, kultureller und religiöser Wertvorstellungen, die seit Jahrhunderten weltweit in unterschiedlichen Traditionen gewachsen sind und sie prägen. Wir können diese Wertvorstellungen daher als Ordnungsparameter rechtlicher, kultureller und religiöser Dynamik auffassen. Kulturelle und religiöse Symbole treten an die Stelle mathematischer Zeichen von Modellen nichtlinearer Dynamik. Es ist eine globale Herausforderung, friedliche Koexistenz und kulturelle Balance zu fördern, um den Crash der Kulturen und Religionen in ihrer komplexen nichtlinearen Dynamik zu verhindern.

Vom Standpunkt der nichtlinearen Dynamik aus betrachtet geht es um die Schaffung gemeinsamer »Ordnungsparameter«, um die globale Regierbarkeit (*global governance*) dieses Planeten zu sichern, Konflikte zu minimieren und Komplexität zu reduzieren. Wir müssen geeignete Impulse und Signale auslösen, damit diese Integration wachsen und sich entwickeln kann. Verordnen und programmieren lässt sie sich nicht. Auch diese Einsicht vermittelt uns Komplexitätsforschung.

Komplexität im Profil

Komplexität und Berechenbarkeit

Wir leben in einer Welt der Digitalisierung und Informatisierung. Ohne Computer und ihre Rechenleistungen sind die technischen und ökonomischen Prozesse hoch industrialisierter Gesellschaften nicht zu bewältigen. Wie komplex dürfen Probleme und Prozesse sein, um mit Computerprogrammen erfasst zu werden? In der Informatik unterscheidet man Grade der Rechenkomplexität nach der Rechenzeit oder der Größe eines Programms. Dabei stoßen wir auf unentscheidbare Probleme und unvollständige Systeme – grundlegende Probleme der Logik und des menschlichen Denkens überhaupt.

Was ist ein Computer?

Computer begegnen uns heute nicht nur als PCs, sondern als Mikroprozessoren in allen möglichen Alltagsgeräten verteilt und verborgen. Was dabei ein Computer ist, hängt keineswegs von technischen Entwicklungsstandards ab. In Alan M. Turings berühmter Arbeit »On computable numbers with an application to the Entscheidungsproblem« (1936) wird der Begriff einer effektiven programmgesteuerten Rechenmaschine logisch-mathematisch definiert. Turings Maschinenbegriff versteht Rechnen als effektive Verarbeitung von Zeichen und Symbolen. Anstelle der historischen Turingmaschine sei hier zunächst die auf Marvin Minsky u.a. zurückgehende Registermaschine eingeführt, die anschaulich leicht mit einer PC-Architektur in Beziehung gebracht werden kann. Bei einem PC ist die technische Hardware für den Benutzer unter vielen Schichten von Bedienungssoftware verborgen. Auf der untersten Schicht besteht jeder Zentralprozessor (CPU) eines Standardcomputers aus Registern, in denen Zahlen als Spannungszustände gespeichert und verarbeitet werden. Maschinelle Datenverarbeitung setzt also voraus, dass Daten in physikalische Zustände eines Computers übersetzt werden. Im Prozessor werden dazu zwei Impulse mit verschiedener Spannung unterschieden. Der einzelne Impuls wird durch ein Bit dargestellt. Daher werden Ziffern, Buchstaben und Sonderzeichen, wie wir sie von der Tastatur eines PCs kennen, automatisch in einen Binärcode aus den Symbolen 0 und 1 übersetzt, dem eine Bitfolge der beiden Stromimpulse als den physikalischen Zuständen der Maschine entspricht. Ein Zentralprozessor besteht aus einem Rechenwerk, das die Rechenoperationen durchführt, einigen Registern, in denen Daten und das Ergebnis aufgenommen werden, einem Steuerwerk bzw. Befehlsregister, das den jeweils anstehenden Befehl enthält, und einem Befehlszähler mit der Adresse des Befehls aus dem Steuerwerk. Hinzu kommt ein Arbeitsspeicher, der aus Speicherzellen für Daten und Befehle besteht. Ein Programm setzt sich aus einer Folge von Befehlen zusammen, die aus den Registern abgerufen, decodiert und ausgeführt werden.

Um den mathematischen Begriff der Berechenbarkeit definieren zu können, wird von diesen technisch-physikalischen Details eines realen Computers abgesehen. Eine ideale Registermaschine besteht aus einer beliebigen, aber endlichen Anzahl von Registern, in denen jede der Zahlen 0, 1, 2, ... (oder entsprechende Codes) gespeichert werden kann. Das Programm einer idealen Registermaschine verfügt über nur zwei Elementaroperationen, und zwar die beiden Befehle, den Inhalt eines Registers um 1 zu erhöhen oder um 1 zu vermindern. Wenn ein Register bereits leer ist (also 0 enthält), soll die Subtraktion von 1 wieder 0 ergeben. Diese Elementaroperationen können durch Verkettung oder Iteration zu komplexen Programmen zusammengesetzt werden. Unter Verkettung wird die Hintereinanderausführung zweier Programme verstanden. Bei der Iteration wird die Wiederholung eines Programms davon abhängig gemacht, ob ein Kontrollregister leer ist.

Eine mathematische Funktion (z.B. die Addition $f(x, y) = x + y$) wird durch das Programm einer Registermaschine berechnet, indem die Maschine das Programm für beliebige Inputwerte (z.B. x und y bei der Addition) in ihren Registern ausführt, bis sie nach endlich vielen Schritten stoppt und im Ergebnisregister der Funktionswert (z.B. $x + y$ bei der Addition) steht.

> ### Definition
>
> Eine Funktion heißt durch eine Registermaschine berechenbar, wenn es ein Programm zur Berechnung der Funktion gibt. Die Anzahl der Elementaroperationen, die ein Programm zur Berechnung benötigt, ist durch das Programm eindeutig festgelegt und hängt von den Inputwerten ab. Nun könnte eine Funktion durch verschiedene Programme berechnet werden. Die Komplexität einer Funktion wird daher durch das beste Programm bestimmt, das die Funktion mit der kleinsten Anzahl von Rechenschritten berechnet.

Ein alternatives, aber gleichwertiges Konzept einer idealen mathematischen Rechenmaschine stammt von Turing. Eine Turingmaschine soll ebenfalls jedes effektive Verfahren symbolischer Datenverarbeitung ausführen können. Anschaulich erinnert ihre Architektur eher an das ältere technische Modell einer Schreibmaschine, bei der ein Schreibmaschinenkopf einen Papierstreifen bedruckt. Für den mathematischen Begriff der Berechenbarkeit spielen diese technisch-physikalischen Details aber keine Rolle. Eine Turingmaschine besteht aus einem Prozessor und einem (potentiell) unbegrenztem Band, das in Felder unterteilt ist. Die Elementaroperationen eines Turing-Programms besagen, dass der Prozessor das Band im Arbeitsfeld nacheinander mit endlich vielen Symbolen bedrucken, löschen, nach links und rechts um ein Feld verschieben oder stoppen kann. Sowohl Turing- als auch Registermaschinen sind ideale mathematische Maschinen, da sie unbegrenzt steigerbare Speicherkapazitäten voraussetzen – sei es als unbegrenzt verlängerbares Rechenband bei der Turingmaschine oder als unbegrenzt vergrößerbare Registeranzahl. Jedenfalls kann bewiesen werden, dass jede durch eine Turingmaschine berechenbare Funktion auch durch eine Registermaschine berechnet werden kann und umgekehrt.

Diese mathematischen Maschinenkonzepte mögen auf den ersten Blick sehr einfach erscheinen. Vom logischen Standpunkt aus ist aber jeder programmkontrollierte Allzweckcomputer, auf dem verschiedene Programme laufen können, nichts anderes eine technische Realisation einer universellen Turingmaschine, die jedes mögliche Turing-Programm ausführen kann. Auch eine universelle Turingmaschine ist ein logisch idealisiertes Konzept, da ein technischer Allzweckcomputer wie z.B. ein Laptop nur endlich viele Programme anwendet. Analog dazu lässt sich eine universelle Registermaschine definieren, die jedes Registermaschinenprogramm ausführen kann. Neben Turing- und Registermaschinen wurden verschiedene andere mathematisch äquivalente Verfahren zur Definition berechenbarer Funktionen entwickelt. Ein Beispiel sind rekursive Funktionen. Dazu gehören elementare Funktionen wie z.b. die Zählfunktion $n(x){=}x{+}1$, die ausgehend von 0 jede Zahl x im nachfolgenden Schritt $x{+}1$ um die Einheit 1 erhöht und so die Zahlen 0, 1, 2, ... sukzessive erzeugt. Diese Funktion entspricht offenbar einer rekursiven Iterationsschleife, die ausgehend von 0 auf vorher gebildete Werte x immer wieder dasselbe Schema $n(x)$ anwendet und so iterierte Werte 0, $n(0)$, $n(n(0))$, ... erzeugt. Hinzu kommen Ersetzungs- und Iterationsschemata für rekursive Funktionen, die Verkettungen und Iterationen von Maschinenprogrammen entsprechen. Jedes dieser verschiedenen mathematischen Berechenbarkeitskonzepte ist in einem anschaulichen Sinn berechenbar. So macht es uns z.b. keine Schwierigkeiten, die Nachfolgerfunktion bzw. das Hinzufügen einer Einheit (also den Zählprozess) als berechenbar zu akzeptieren. Eine endliche Iteration oder Verkettung von berechenbaren Prozessen wird berechenbar bleiben und nicht zu unberechenbaren Prozessen führen. Zudem lässt sich beweisen, dass alle bekannten Definitionen von Berechenbarkeit mit Turingmaschinen, Registermaschinen, rekursiven Funktionen etc. mathematisch äquivalent sind.

> **Merksatz**
>
> **Alonzo Church stellte in einer nach ihm benannten These (Churchsche These) fest, dass der Begriff der Berechenbarkeit durch jede einzelne dieser mathematischen Definitionen (z.b. der Turing-Berechenbarkeit) vollständig erfasst sei. Die Churchsche These kann natürlich nicht bewiesen werden, da sie mathematisch präzise Begriffe wie z.b. Turingmaschinen, Registermaschinen oder rekursive Funktionen mit intuitiven Vorstellungen von Berechenbarkeit vergleicht. Sie wird allerdings insofern gestützt, als verschiedene Definitionen, die jeweils bloß im intuitiven Sinn berechenbare Verfahren präzisieren, tatsächlich mathematisch äquivalent sind.**

Daher können wir von Berechenbarkeit überhaupt sprechen, ohne auf ein besonderes Verfahren zurückzugreifen. Berechenbarkeitsverfahren heißen auch Algorithmen, und zwar nach dem persischen Mathematiker al-Chwarismi, der um ca. 800 n. Chr. Lösungsverfahren für einfache algebraische Gleichungen suchte. Nach Churchs These können wir sagen, dass jedes berechenbare Verfahren (Algorithmus) durch eine Turingmaschine ausgeführt werden kann. Da für jede berechenbare Funktion ein Maschinenprogramm existiert, kann sie immer auf einem universellen programmkontrollierten Computer berechnet werden.

Komplexität und Rechenzeit

Für wissenschaftliche, technische und kommerzielle Probleme ist nicht nur die Frage interessant, ob ein Problem überhaupt berechenbar ist, sondern auch mit welchem Aufwand. In der Komplexitätstheorie der Informatik werden dazu verschiedene Grade der Berechenbarkeit eingeführt. Komplexitätsklassen von Problemen werden nach Komplexitätsgraden unterschieden, mit denen die Rechenzeit (oder die Anzahl elementarer Rechenschritte) von Algorithmen (oder Maschinenprogramme) in Abhängigkeit von der Länge ihrer Inputs bestimmt wird. So dauert es, zwei 20-stellige Zahlen zu multiplizieren, nicht doppelt so lange wie bei zwei 10-stelligen, sondern etwa viermal so lang. Eine 20-stellige Zahl in ihre Primzahlfaktoren zu zerlegen (z.B. für die 2-stellige Zahl $12 = 2 \cdot 2 \cdot 3$) dauert nicht nur viermal so lang wie bei einer 10-stelligen, sondern weit länger. Die Rechenzeit wächst in diesem Fall stärker als jede Potenz der Inputlänge. Das gilt auch für das Rundreiseproblem: Zu einer gegebenen Menge von Städten ist die kürzeste Rundreise zu finden, die jede Stadt genau einmal besucht.

Die Länge der Inputs kann durch die Anzahl ihrer dezimalen Einheiten gemessen werden. In der Maschinensprache von Computern werden Dezimalzahlen durch Binärzahlen codiert. Eine Binärzahl stellt eine Zahl mit den binären Ziffern 0 und 1 zur Basis 2 dar anstelle z.B. einer Dezimaldarstellung mit den Ziffern 0, 1, 2, 3, 4, 5, 6, 7, 8, 9 zur Basis 10. So entspricht die Binärzahl $101 = 1 \cdot 2^2 + 0 \cdot 2^1 + 1 \cdot 2^0$ der Dezimalzahl $5 = 5 \cdot 10^0$. Ihre Länge ergibt sich aus der Anzahl binärer Einheiten (Bit). So hat z.B. 5 mit dem binären Code 101 die Länge 3.

Definition

Eine Funktion f hat eine lineare Rechenzeit, falls die Rechenzeit von f nicht größer als c^n für alle Inputs mit Länge n und einer Konstanten c ist. Bei einer steigenden Rechenzeit unterscheidet man z.B. quadratische, polynomiale und exponentielle Rechenzeit je nachdem, ob die Anzahl der Rechenschritte nicht größer als $c \cdot n^2$, $c \cdot n^k$ oder $c \cdot n^{p(n)}$ für eine Konstante k und eine polynomiale Funktion $p(n)$ ist.

Ein Grund für die teilweise hohen Rechenzeiten liegt in der großen Anzahl von Teilproblemen und Fallunterscheidungen, die durch einen deterministischen Computer Schritt für Schritt nacheinander getestet werden müssen. Manchmal scheint es deshalb ratsamer, unter einer endlichen Anzahl von Möglichkeiten einen Weg durch eine Zufallsentscheidung auszuwählen. Dazu wurden nichtdeterministische Turingmaschinen eingeführt, die durch einen Zufallsgenerator aus einer endlichen Anzahl von Möglichkeiten ein Berechenbarkeitsverfahren herausgreifen.

Definition

Probleme, die in polynomialer Zeit durch eine nichtdeterministische Turingmaschine entschieden werden können, heißen NP-Probleme. Falls eine Entscheidung in polynomialer Zeit auch mit einer deterministischen Maschine gelingt, sprechen wir von P-Problemen.

Vertiefung

Dementsprechend sind alle P-Probleme auch NP-Probleme. Es ist allerdings nach wie vor eine offene Frage der Informatik, ob alle NP-Probleme auch P-Probleme sind, also nichtdeterministische Maschinen bei polynomialer Rechenzeit durch deterministische Maschinen ersetzt werden können.

Komplexität und Programmgröße

Komplexe Aufgaben erfordern häufig nicht nur lange Rechenzeiten, sondern auch umfangreiche Computerprogramme mit vielen Programmzeilen, die von einem Computer abgearbeitet werden müssen. In der Praxis müssen solche Programmzeilen in Chips untergebracht werden, die nicht beliebig miniaturisierbar sind. Daher ist neben der Rechenzeit auch die Größe eines Programms ein wichtiges Komplexitätsmaß. Da ein Programm aus einer endlichen Liste von Symbolen besteht, kann seine Länge als Anzahl der Binärsymbole 0 und 1 in Binärcodierung definiert werden. Als Beispiel betrachten wir drei Binärfolgen:

$$s_1 = 1111111111111111111$$
$$s_2 = 010101010101010101$$
$$s_3 = 011010001101110100$$

Für die Binärfolgen s_1 und s_2 gibt es kürzere Beschreibungen oder Druckprogramme als ihr Ausdruck: »14 mal 1« für s_1 und »8 mal 01« für s_2. Für s_3 scheint es keine kürzere Beschreibung zu geben als der Ausdruck selber. Gregory J. Chaitin und Andrej N. Kolmogorov haben daher vorgeschlagen, die algorithmische Komplexität einer Symbolfolge s durch die Länge des kürzesten Computerprogramms zur Erzeugung von s (gemessen in Bit) zu definieren. Algorithmische Komplexität wird manchmal auch als algorithmischer Informationsinhalt einer Symbolfolge bezeichnet und ist Gegenstand der algorithmischen Informationstheorie. Die Länge eines kürzesten Programms hängt von der Maschine ab, auf der das Programm läuft. Um solche Abhängigkeiten von einer speziellen Hardware zu vermeiden, definieren wir algorithmische Komplexität für eine universelle Maschine, die jede andere Maschine simulieren kann.

> **Definition**
>
> **Die algorithmische Komplexität einer binären Sequenz s wird als die Länge des kürzesten Programms einer universellen Maschine definiert, das s reproduziert. Die Länge dieses Programm wird durch die Länge der binäre Sequenz s^* gemessen, die dieses Programm codiert.**

So sind die binären Codierungen s^*_1 und s^*_2 von »14 mal 1« und »8 mal 01« kürzer als s_1 und s_2 und reproduzieren jeweils s_1 und s_2. Daher haben s_1 und s_2 niedrigere algorithmische Komplexität.

Es liegt nun die Annahme nahe, dass alle Gedanken und Denkprozesse in einer mächtigen formalen Programmsprache durch mehr oder weniger komplexe Computerprogramme darstellbar und berechenbar sind. Formeln einer formalen Sprache sind Folgen von Symbolen, die durch natürliche Zahlen codiert werden können. Behauptungen über Objekte entsprechen dann Funktionen von Zahlen. Schlüsse aus den Behauptungen entsprechen effektiven Berechnungsverfahren. Darum besteht die Maschinensprache eines modernen Computers aus Folgen von binären Zahlen, die jeden Zustand und jede Bewegung der Maschine codieren. In diesem Sinn werden die Operationen eines Computers durch ein effektives numerisches Berechnungsverfahren determiniert. Wenn wir also z.B. mit einem PC einen Text schreiben, rechnet er tatsächlich mit den entsprechenden Zahlencodes der Textsymbole.

Tatsächlich gibt es aber Probleme, die prinzipiell nicht durch einen Computer berechnet und entschieden werden können. In diesem Fall lässt sich nicht voraussagen, ob ein Computerprogramme nach endlich vielen Schritten stoppt und die Lösung liefert oder nicht. Ferner sind – wie Kurt Gödel gezeigt hat – formale Systeme von einer bestimmten Komplexität ab (z.B. bereits für das Zahlensystem mit den vier Grundrechenarten) prinzipiell unvollständig, da sie nicht alle Wahrheiten formal ableiten können. Hier führen Komplexitätsuntersuchungen zu grundlegenden philosophischen Fragen nach den Grenzen menschlicher und maschineller Erkenntnis.

Literatur

Chaitin, Gregory J. (1999): The Unknowable. Berlin: Springer

Hromkovic, Juraj (2004): Theoretical Computer Science. Introduction to Automata, Computability, Complexity, Algorithmics, Randomization, Communication and Cryptography, Berlin: Springer

Mainzer, Klaus (1994): Computer – Neue Flügel des Geistes? Berlin: De Gruyter

Mainzer, Klaus (2003): Computerphilosophie. Hamburg: Junius-Verlag

Nagel, Ernst **& Newman,** James (2001): Der Gödelsche Beweis. München: Oldenbourg

Komplexität und Wahrscheinlichkeit

In komplexen Systemen mit vielen Elementen wie z.B. Flüssigkeiten aus Molekülen oder Gesellschaften von Menschen ist das Verhalten eines einzelnes Elements oft unbekannt und wird daher als mehr oder weniger wahrscheinlich betrachtet. Dabei können verschiedene Arten von Wahrscheinlichkeitsverteilungen von Ereignissen unterschieden werden. Die Normalverteilung mit der Gaußschen Glockenkurve ist zwar nach dem Zentralen Grenzwertsatz ausgezeichnet. Außergewöhnliche Ereignisse wie z.B. Naturkatastrophen, Wirtschafts- und Finanzkrisen, aber auch die Entstehung von neuen Strukturen und Innovationen weichen jedoch vom Normalverhalten ab. Ihre Verteilung entspricht Potenzgesetzen. Wie wir in späteren Kapiteln sehen werden, sind Potenzgesetze typisch für komplexe Systeme zwischen Zufall und Regularität.

Zufall und Wahrscheinlichkeit

Eine Menge von vielen zufälligen Ereignissen kann dennoch gemeinsame reguläre Eigenschaften besitzen. Offenbar realisiert das wiederholte Werfen einer fairen Münze einen Zufallsprozess. Bei einer Folge von Münzwürfen sollen die einzelnen Münzwürfe voneinander unabhängig sein, d.h. die Wahrscheinlichkeit für jede der alternativen Möglichkeiten bleibt konstant 1 : 2. In einzelnen Stichproben von endlich vielen Münzwürfen ist also die Verteilung der Ereignisse Kopf oder Zahl völlig zufällig. Vergrößert man aber die Stichproben immer stärker, so nähert sich das Verhältnis von z.B. Kopfwürfen zur Gesamtzahl der Würfe einer Stichprobe einer Grenze, die der Wahrscheinlichkeit für jeden unabhängigen Münzwurf, also dem Verhältnis 1 : 2 bzw. dem Bruch ½ entspricht. Da diese Entwicklung von wachsenden und immer größer werdenden Zahlen der Stichprobengröße abhängt, sprach man auch vom Gesetz der großen Zahl. Nach Bernoulli lässt sich das Gesetz der großen Zahl in folgender Form präzisieren:

Definition

Unter einem Stichprobendurchschnitt verstehen wir die relative Häufigkeit r_n eines Ereignisses (z.b. Kopf) bei einer endlichen Anzahl n von Würfen, d.h. die Anzahl des Kopfbildes geteilt durch die Anzahl n der Münzwürfe. Mit wachsender Größe n der Stichprobe wächst die Wahrscheinlichkeit, dass der Stichprobendurchschnitt r_n des Kopfbildes von der Proportion 1 : 2 nicht mehr als ein beliebiges vorgegebenes Fehlerintervall abweicht.

Bei wiederholter Berechnung der Durchschnittsanzahl von Kopfbildern zeigt sich, dass sich die meisten Stichprobendurchschnitte um ½ konzentrieren und der Rest sich mit wachsendem Abstand zu ½ immer dünner verteilt. Eine anschauliche graphische Darstellung dieses Sachverhalts liefert die nach Gauß benannte Verteilungskurve. Trägt man Stichprobendurchschnitte in einem Koordinatensystem mit variierendem Abstand zu ½ ab, so formen sie mit zunehmender Verfeinerung eine glockenförmige Kurve. In Abb. 1 sind 10 000 Stichprobendurchschnitte in kleinen Abschnitten entlang einer horizontalen Achse gruppiert. Die Höhe der schmalen Rechtecke über einem Abschnitt entspricht der Anzahl der Stichprobendurchschnitte, die innerhalb des angegeben Intervalls auf der horizontalen Achse liegen. Mit wachsendem Abstand zu ½ nimmt die Höhe der Rechtecke ab. Darin zeigt sich, dass es immer weniger Stichprobendurchschnitte in größeren Abständen zur maximalen Höhe bei ½ gibt. Mit wachsendem n nähert sich die Verteilung immer stärker der stetigen Glockenkurve von Gauß.

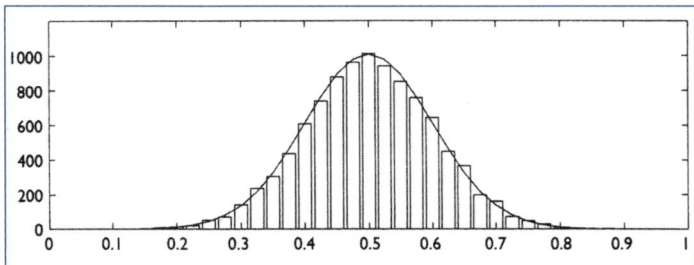

Abb. 1: Die Gaußsche Glockenkurve mit einer Verteilung von 10 000 Stichprobendurchschnitten in variierendem Abstand zu 0,5

Die Streuung um den Wert ½ nimmt umgekehrt proportional zur Quadratwurzel aus der Stichprobengröße n ab. In Abb. 1 liegt eine Stichprobengröße $n = 15$ zugrunde. Für wachsende Stichprobengrößen wird die Verteilung enger und der Gipfel bei ½ höher.

Diese Entdeckungen zeigen mit einem Mal, dass große Datenmassen von völlig zufälligen Einzelereignissen gemeinsame unzufällige Regelmäßigkeiten aufweisen können. Seit Beginn der Industrialisierung haben wir es mit Systemen zunehmender Komplexität zu tun: Große Datenmassen über die wachsende Bevölkerung, Industrie und Gesellschaft mussten erfasst und katalogisiert werden. Das war die Geburtsstunde der Sozialstatistik. Überall glaubte man Verteilungsgesetze wie die Gaußsche Glockenkurve zu erkennen. So sind z.B. die Körpergröße oder das Gewicht einer Person zufällig, insgesamt aber zur Durchschnittsgröße oder zum Durchschnittsgewicht in der Bevölkerung nach der Gaußschen Kurve verteilt. Mit Blick auf solche »Normalgrößen« spricht man auch von einer »Normalverteilung«. Was ist aber das »normale« Durchschnittsverhalten des »normalen« Durchschnittsbürgers? Aufgrund umfangreicher Geburts- und Sterbetafeln berechnen Versicherungsmathematiker seit dem 19. Jahrhundert die durchschnittliche Lebenserwartung der Menschen und unterstellen dabei Normalverteilung und das Gesetz der großen Zahl. Krankheiten und Erbanlagen wurden ebenfalls beliebte Anwendungsgebiete. Bis heute heiß diskutiert wird die Frage, ob auch Intelligenz nach dem IQ normalverteilt sei.

Merksatz

Wahrscheinlichkeit lässt sich subjektiv und objektiv interpretieren. Die Häufigkeitsinterpretation der Wahrscheinlichkeit wird objektiv genannt, da sie sich auf die Häufigkeit von Zufallsereignissen unabhängig vom Beobachter bezieht. Demgegenüber fasst die subjektive Interpretation Wahrscheinlichkeiten als Überzeugungs- und Glaubenstärken von Beobachtern auf, die z.B. Wettquotienten auf Ereignisse abschließen.

Komplexität und Wahrscheinlichkeitsverteilung

Mit Zufallsvariablen lässt sich die zufällige Verteilung von Eigenschaften in komplexen Systemen messen. Als Beispiel betrachten wir die Zufallsvariable, die einer Person der Bevölkerung ein Lebensalter zuordnet.

Man kann nun der Funktion dieser Zufallsvariablen ein Altersintervall zwischen z.b. 50 und 60 Jahren vorschreiben und nach der Wahrscheinlichkeit fragen, in der Bevölkerung eine Person anzutreffen, deren Alter im vorgegebenen Intervall liegt. So lässt sich eine Wahrscheinlichkeitsverteilung für z.b. Altersgruppen einführen.

Eine Veranschaulichung der nach dem Schweizer Mathematiker Jakob Bernoulli (1654-1705) benannten Verteilung geht auf den britischen Naturforscher Francis Galton (1822-1911) zurück. In ein senkrecht stehendes Brett sind in konstantem Abstand in *n* parallelen Reihen Nägel eingeschlagen (Abb. 2). Jeder Nagel in einer Reihe befindet sich genau auf Lücke zwischen zwei Nägeln der darüber liegenden Reihe. Durch einen Trichter am oberen Ende lässt man Kugeln vom Durchmesser des Nagelabstands einlaufen, die ohne Spielraum und ohne Reibung zwischen den Nägeln hindurchfallen können. Trifft eine Kugel auf einen Nagel, so kann sie entweder nach rechts oder nach links weiterfallen. Dieser Vorgang wiederholt sich in jeder Nagelreihe. Die Kugel legt also einen Zufallsweg durch das Nagelbrett zurück, wobei sie mit gleicher Wahrscheinlichkeit nach rechts oder links abgelenkt wird. Nach dem Durchlaufen der *n* Nagelreihen werden die Kugeln in *n*+1 Fächern auf-

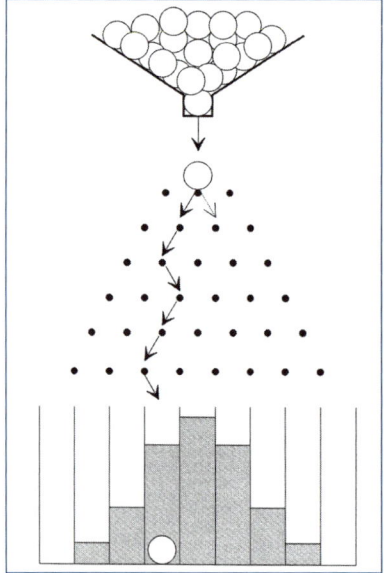

Abb.2: Galton-Brett mit Zufallswegen von Kugeln, die zur Bernoulli-Verteilung führen

gefangen. Eine Kugel fällt in das Fach mit der Nummer i genau dann, wenn sie i-mal nach rechts und ($n-i$)-mal nach links abgelenkt wurde. Dieser Vorgang führt zu einer Bernoulli-Verteilung der Kugeln des Vorrats in den vorgesehenen Fächern.

Wahrscheinlichkeitsverteilungen können in sehr unterschiedlichen Anwendungen auftreten. Als Beispiel für eine Bernoulli-Verteilung lässt sich in einem Mikroskop die Verteilung von Viren in einer Blutzelle betrachten. Dazu wird die Zelle mit einem quadratischen Gitter bedeckt und nach der Wahrscheinlichkeitsverteilung gefragt, eine vorgegebene Zahl von Viren in einer quadratischen Unterzelle zu finden. Eine betriebswirtschaftliche Anwendung liefert die Bestimmung des durchschnittlichen Ausschussanteils defekter Stücke, den eine Maschine produziert. Es wird davon ausgegangen, dass das Auftreten defekter Stücke im Produktionsprozess zufallsartig erfolgt. Besteht zwischen den einzelnen Stücken Unabhängigkeit, d.h. ist die Wahrscheinlichkeit, dass ein bestimmtes Produktionsstück Ausschuss wird, unabhängig davon, ob die vorhergehenden Stücke Ausschuss waren oder nicht, so wird die Anzahl der Ausschussstücke in einer bestimmten Produktionsserie eine Bernoulli-Verteilung ergeben.

Beispiele für Einzelereignisse, die mit sehr geringer Wahrscheinlichkeit auf lange Sicht eintreten, sind Flugzeugabstürze oder radioaktive Emissionen. Sie lassen sich adäquat durch eine Wahrscheinlichkeitsverteilung beschreiben, die nach dem französischen Mathematiker Simeon D. Poisson (1781-1840) benannt ist. Eine Poisson-Verteilung ergibt sich als Grenzfall einer Bernoulli-Verteilung, wenn dort die Wahrscheinlichkeit eines Einzelereignisses sehr klein wird (also gegen Null strebt) und die Länge der Ereignisfolge beliebig groß (also gegen Unendlich strebt). Vielfach wird auch dort approximativ mit Poisson-Verteilungen gearbeitet, wo eigentlich eine Bernoulli-Verteilungen mit sehr kleinen Wahrscheinlichkeiten von Einzelereignissen vorliegt.

Die Bernoulli- und Poisson-Verteilung sind Beispiele für diskrete Wahrscheinlichkeitsverteilungen von Zufallsereignissen, die durch ganzzahlige Werte der Zufallsvariablen wie z.b. die Anzahl von Viren, defekten Produktionsstücken oder Unfällen unterschieden werden. Demgegenüber lassen sich auch stetige Wahrscheinlichkeitsverteilungen untersuchen, die sich auf kontinuierliche Werte von Zufallsvariablen wie z.B. Länge, Gewicht oder Zeit beziehen. Wenn die Stichprobengröße in Abb. 1 beliebig groß wird, nähert sich die Häufigkeitsverteilung immer stärker der stetigen Glockenkurve von Gauß. Tatsächlich nimmt die Normalverteilung unter den bisher besprochenen Zufallsverteilungen eine zentrale Stellung ein:

Merksatz

Häufigkeitsverteilungen konzentrieren sich nach dem Gesetz der großen Zahl mit steigendem Stichprobenumfang mehr und mehr um den Erwartungswert. Dabei wird die Form der Verteilung immer ähnlicher der Form der Normalverteilung. Das ist die Aussage des Zentralen Grenzwertsatzes. Praktisch folgt daraus, dass z.b. schwieriger zu berechnende Bernoulli- oder Poisson-Verteilungen durch standardisierte Normalverteilungen beliebig angenähert werden können.

Der zentrale Grenzwertsatz findet in allen Fällen Anwendung, wo sich Verteilungen aus unabhängigen Einzelereignissen zusammensetzen und keine Korrelationen zur Folge haben. Ebenso dürfen bei Normalverteilungen große Abweichungen nicht plötzlich gehäuft auftreten und damit hochwahrscheinlich werden. Wirbelstürme oder Finanzkrisen, die plötzlich gehäuft mit katastrophalen Folgen und synergetischen Effekten in Natur und Gesellschaft auftreten, werden einer Rückversicherung, die bisher von einer Normalverteilung ausging, erhebliche Probleme bereiten. Vom zentralen Grenzwertsatz und Normalverteilungen ging die klassische Sicht von Zufall und Wahrscheinlichkeit aus. Sie ist untypisch für komplexe Systeme, in denen sich Ordnungen und Strukturen selber organisieren. Normalverteilungen setzen nämlich völlig unabhängige Ereignisse voraus. Daher können sie keine Korrelationen und Synergieeffekte von zusammenwirkenden Ereignissen berücksichtigen, die erst zu neuen Formen und Strukturen in Natur und Gesellschaft führen.

Wechselwirkungen von Elementen in komplexen Systemen lassen sich anschaulich durch geometrische Graphen darstellen. Dabei kann es sich um Netzwerke von Atomen und Molekülen in Materialien, Zellen in Organen, Organismen in Populationen, Menschen in Gesellschaften, Prozessoren in Computern, Computern im Internet oder Handies im Mobilfunk handeln. Geometrisch werden die Systemelemente durch Punkte (Knoten), ihre Wechselwirkungen durch verbindende Strecken (Kanten) dargestellt. Traditionell beschäftigte sich die Graphentheorie mit regulären Netzwerken, in denen sich überschaubar viele Punkte zu regulären und geordneten geometrischen Figuren verbinden. Um auch komplexe Netzwerke mit unüberschaubar vielen Elementen zu erfassen, führten die ungarischen Mathematiker P. Erdös und A. Rényi in den 1950er Jahren Zufallsgraphen mit statistischen Methoden ein.

Ein Zufallsgraph besteht aus einer Menge von *N* Knoten, in der jedes Paar von Knoten mit einer Wahrscheinlichkeit *p* durch eine Kante verbunden ist. Allgemein entsteht ein komplexer Graph mit näherungsweise *pN*(*N*–1)/2 zufällig verteilten Kanten.

In Abb. 3 ist dargestellt, wie Zufallsgraphen in einem evolutionären Prozess entstehen. Der Prozess beginnt mit $N = 10$ isolierten Knoten. Dann wird jedes Knotenpaar mit der Wahrscheinlichkeit p verbunden. Im Fall isolierter Knoten ist $p = 0$. Die nächsten beiden Schritte in Abb. 3 zeigen eine Graphentwicklung mit $p = 0.1$ und $p = 0.15$. Dabei treten verschiedene zufällige Strukturen wie Baumverzweigungen, Zyklen und verbundene Cluster auf.

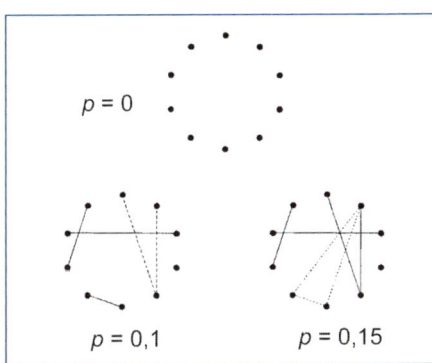

Abb. 3: Evolution von komplexen Zufallsnetzen

$p = 0$

$p = 0,1$ $p = 0,15$

Da in vielen komplexen Systemen keine Organisationsstrukturen bekannt sind, werden häufig Zufallsverteilungen unterstellt. Trotz ihrer statistischen Zufallsverteilung von Kanten verfügen Zufallsgraphen über einige bemerkenswerte Eigenschaften. Dazu gehört die »Kleine-Welt« (*small worlds*)-Eigenschaft: Gemeint ist damit, dass in vielen komplexen Netzwerken trotz ihrer Größe verhältnismäßig kurze Verbindungswege zwischen je zwei Knoten bestehen. Der Abstand zwischen zwei Knoten in einem Netzwerk wird durch die Anzahl der Kanten entlang ihres kürzesten Verbindungswegs definiert. Verbindungswege sind nicht nur geographisch zu verstehen. In einer Gesellschaft entstehen Verbindungen zwischen zwei beliebigen Personen dadurch, dass die eine Person durch endlich viele Zwischenpersonen, die paarweise untereinander bekannt sind, mit der anderen Person in Beziehung steht. Soziologische Untersuchungen zeigen, dass in den Vereinigten Staaten zwischen beliebigen zwei Personen eine derartige Verbindung etwa mit dem Abstand sechs vorliegt. Filmschauspieler in Hollywood sind nur über drei Filmschauspieler mit einander bekannt. Chemikalien in einer Zelle sind typischerweise nur durch drei Reaktionen getrennt. Selbst Zufallsgraphen besitzen die Kleine-Welt-Eigenschaft. Der typische Abstand zwischen zwei beliebigen Knoten variiert dort mit dem Logarithmus der Knotenanzahl.

Definition

Die Anzahl von Ecken eines Knoten wird als Knotengrad bezeichnet. Die statistische Verteilung der Knotengrade eines Netzwerks wird durch eine Verteilungsfunktion $P(k)$ definiert, d.h. die Wahrscheinlichkeit, dass ein zufällig gewählter Knoten genau k Kanten besitzt.

Da in einem Zufallsgraph die Kanten zufällig verteilt sind, haben die meisten Knoten näherungsweise den gleichen Knotengrad. Die entsprechende Verteilungsfunktion ist eine Poisson-Verteilung.

Vertiefung

Eine der bemerkenswertesten Ergebnisse bei der Untersuchung komplexer Netzwerke in Natur und Gesellschaft besteht darin, dass die meisten von ihnen eine Gradverteilung besitzen, die signifikant von einer Poisson-Verteilung abweicht. Gradverteilungen in vielen realen Netzwerken sind durch Potenzgesetze von der Art $P(k) = k^{-\gamma}$ bestimmt, die auf Korrelationen und Strukturbildungen schließen lassen.

Literatur

Albert, Réka **& Barabási,** Albert-László (2002): Statistical mechanics of complex networks. In: Reviews of Modern Physics 74 Nr. 1, S. 47-97

Bauer, Heinz (2002): Wahrscheinlichkeitstheorie. Berlin: Die Gruyter 5. Auflage

Mainzer, Klaus (2007): Der kreative Zufall. Wie das Neue in die Welt kommt. München: C.H. Beck

Schneider, Ivo (Hrsg. (1988): Die Entwicklung der Wahrscheinlichkeitstheorie von den Anfängen bis 1933. Einführung und Texte. Darmstadt: Wissenschaftliche Buchgesellschaft

Komplexität und Information

Komplexe Systeme in Natur und Gesellschaft speichern und verarbeiten Informationen. Information wird durch die Wahrscheinlichkeitsverteilung von Systemzuständen bestimmt. Eine zentrale Herausforderung der Komplexitätsforschung besteht darin, im ständigen Signalrauschen der Systeme Muster zu erkennen, um ihre Dynamik zu entschlüsseln. Dabei lassen sich Komplexitätsgrade unterscheiden, die von zufälliger Normalverteilung der Signale über komplex strukturierte Muster bis zu determinierter Regularität reichen. Potenzgesetze des Signalrauschens erweisen sich als typisch für komplexe Systeme zwischen Zufall und Regularität.

Information und Entropie

Die Welt ist von ständigem Signalrauschen erfüllt, das zwischen verschiedenen Systemen ausgetauscht wird. Signale treffen mit mehr oder weniger großer Wahrscheinlichkeit ein. Sie lassen sich daher als Elementarereignisse einer Zufallsvariablen auffassen, bei der ein Sender be-

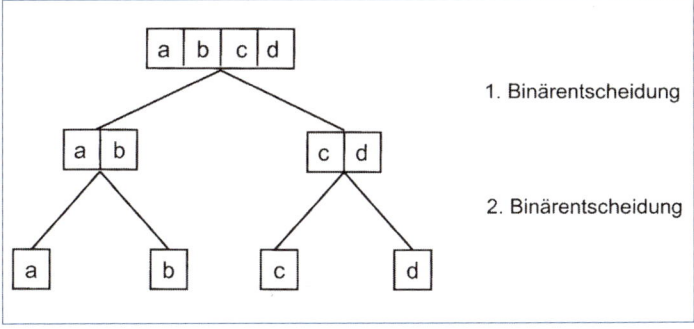

Abb. 4: Binärentscheidungen (Bits) bestimmen den Informationsgehalt von Zeichen

stimmte Zeichen und Symbole produziert. Im einfachsten Fall handelt es sich wie beim fairen Münzwurf um zwei alternative Zeichen wie z.B. schwarze oder weiße Pixels bzw. 0 und 1. Es können aber auch z.B. Folgen von Buchstaben aus einem Alphabet oder Ziffern aus dem Vorrat 0, 1, 2, ...,9 gewählt werden. Jedes Zeichen lässt sich durch eine Folge von Entweder-Oder(Binär)-Entscheidungen aus einem Zeichenvorrat aussortieren und identifizieren. Bei einem Vorrat von z.B. vier Zeichen a, b, c, d gibt es $4 = 2^2$ Auswahlverfahren mit zwei Binärentscheidungen (Abb. 4).

Definition

Die Anzahl der Binärentscheidungen (Abk.: Bit), die zu einem Zeichen führt, heißt Informationsgehalt I des Zeichens, also in Abb. 4 ist $I = 2$ Bit. Allgemein sind bei einem Vorrat von N Zeichen $N = 2^I$ Auswahlverfahren mit I Binärentscheidungen möglich. Der Informationsgehalt I des Zeichens ist daher der Logarithmus von N zur Basis 2 (logarithmus dualis), d.h. $I = \mathrm{ld}\, N$ Bit, und wird in Bits gemessen.

Wenn alle Zeichen z_i ($1 \leq i \leq N$) eines Zeichenvorrats mit gleicher Wahrscheinlichkeit p_i auftreten, dann ist $p_i = 1/N$, also $N = 1/p_i = p_i^{-1}$. Der Informationsgehalt $I(z_i)$ eines Zeichens z_i beträgt dann $I(z_i) = \mathrm{ld}\, N = \mathrm{ld}\, p_i^{-1} = -\mathrm{ld}\, p_i$. Treten alle Zeichen mit verschiedenen Wahrscheinlichkeiten auf, dann beträgt der Informationsgehalt des Zeichens z_i mit Wahrscheinlichkeit p_i des Auftretens $I(z_i) = -\mathrm{ld}\, p_i$. Ein wahrscheinliches Zeichen hat also geringeren Informationsgehalt als ein unwahrscheinliches. Der Informationsgehalt eines Zeichens lässt sich daher als Neuigkeitswert oder Überraschungsgrad für den Empfänger des Zeichens auffassen.

In der Nachrichtentechnik interessieren wir uns nicht nur für den Informationsgehalt eines Zeichens, sondern den mittleren Informationsgehalt aller Zeichen eines Senders.

Definition

Der amerikanische Ingenieur und Mathematiker Claude E. Shannon (1916-2001) definiert den mittleren Informationsgehalt eines Senders mit N Zeichen z_i ($1 \leq i \leq N$) als den Erwartungswert ihrer Informationsgehalte $I(z_i)$. Dazu werden alle Informationsgehalte mit ihren Auftrittswahrscheinlichkeiten p_i gewichtet und aufsummiert.

Daraus ergibt sich Shannons Formel für den mittleren Informationsgehalt, der ebenfalls in Bits gemessen wird:

$$H = \sum_{i=1}^{N} p_i I(z_i) = -\sum_{i=1}^{N} p_i \operatorname{ld} p_i \text{ mit } \sum p_i = 1$$

In der Nachrichtentechnik geht es also darum, die Erzeugung von einer Folge von Zeichen durch eine Nachrichtenquelle als eine Wahrscheinlichkeitsverteilung aufzufassen. Bei der Realisierung eines Zeichens z_i wird Unsicherheit beseitigt, d.h. wegen der Auftrittwahrscheinlichkeit p_i = 1 eines realisierten Zeichens z_i wird $H = 0$. Demgegenüber ist bei uniformer Gleichverteilung der Auftrittswahrscheinlichkeit die Unbestimmtheit und Zufälligkeit eines Zeichens maximal. Daher lässt sich H als Maß der Unbestimmtheit und Zufälligkeit für die Wahrscheinlichkeitsverteilung der Zeichen eines Senders auffassen.

Merksatz

> Der mittlere Informationsgehalt H wird auch Informationsentropie genannt. Damit wird auf den Entropiebegriff der Thermodynamik angespielt, auf den im folgenden Kapitel 4 noch eingegangen wird und der dort anschaulich den Grad der Unordnung bei der Verteilung von z.B. Molekülen eines Gases bezeichnet.

Statt Zufallsverteilung und Unbestimmtheit spricht man in der Nachrichtentechnik auch vom Rauschen der Informationsquelle. Beim Rauschen zerfällt jede Korrelation zwischen einzelnen Signalen, die völlig unabhängig voneinander sind. Es gibt kein Verteilungsmuster der Signale. Shannons Informationsmaß H bezieht sich also auf ein Informationssystem mit seinem Zeichenvorrat und nicht auf einzelne Zeichen und Informationen.

Komplexität und Signalrauschen

Messdaten von Signalen lassen sich in zeitlicher Reihenfolge als Zeitreihen darstellen. Zeitreihenanalyse ist daher ein zentrales Instrument, um der Dynamik von Systemen auf die Spur zu kommen. In der Nachrichten- und Informationstheorie repräsentieren Zeitreihen diskrete oder stetige Signalfolgen. Zeitreihenanalyse liefert Hinweise auf die Struktur- und Musterbildung, die mit Signalfolgen dynamischer Systeme verbunden ist. Mit anderen Worten: Eine Zeitreihenanalyse eröffnet uns die Bedeutung von Signalen.

Definition

Nach einer Methode des französischen Mathematikers Jean-B.-J. Fourier (1768-1830) lässt sich jedes stetige Signal endlicher Dauer in periodische Komponenten, also periodische Oszillationen bzw. Zyklen verschiedener Frequenz und Amplituden zerlegen (»Fourier-Analyse«). Die Frequenz f misst die Anzahl von Perioden pro Zeiteinheit (z.B. 1 Sekunde). Die Dauer einer vollständigen Periode bzw. eines Kurvenzyklus beträgt dann $1/f$.

Abb. 5 zeigt zwei periodische Signale und die von ihnen durch Überlagerung (Superposition) erzeugte Kurve (gestrichelte Linie). Sie haben eine größere Frequenz von 0,10 Zyklen pro Sekunde mit kleinerer Oszillation und eine kleinere Frequenz von 0,05 Zyklen pro Sekunde mit größerer Oszillation.

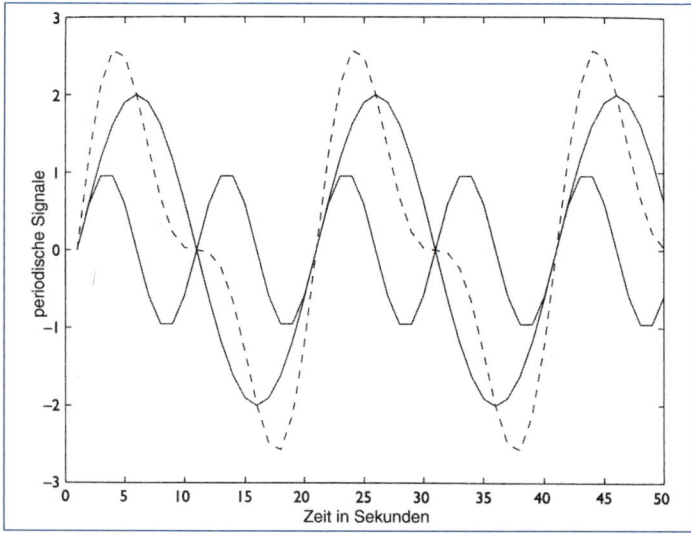

Abb. 5: Superposition periodischer Signale (Fourier-Analyse)

Die Variabilität eines Signals bezogen auf seine periodischen Komponenten wird durch sein Spektrum gemessen. Falls das Signal selber periodisch ist, liegt keine Variabilität der Form vor. Sein Spektrum ist daher überall Null (außer einem einzigen Beitrag für den Wert f seiner Frequenz). Besteht das Signal aus einer endlichen Summe periodischer Oszillationen, liefert das Spektrum eine endliche Anzahl von Beiträgen für die Frequenzen der periodischen Komponenten. Wie lautet das Spektrum von Zufallsfluktuationen, die in statistisch unabhängige und unkorrelierte Werte zerfallen? Beim sogenannten weißen Rauschen liegen Beiträge von Oszillationen vor, deren Amplituden über weite Strecken von Frequenzen uniform sind. Das Spektrum hat in diesem Fall einen konstanten Wert und bietet keine Möglichkeit, die Beiträge einzelner periodischer Komponenten zu unterscheiden. Daher rührt auch die Bezeichnung »weißes« Rauschen: Analog zu weißem Licht, das sich aus gleichen Teilen vieler verschiedener Lichtfrequenzen zusammensetzt, lässt sich weißes Rauschen als Summe von Signalen aller verschiedener Frequenzen auffassen.

Periodische und vollständig zufällige Fluktuationen stellen extreme Signaltypen dar. Welche komplexen Signaltypen liegen dazwischen, gewissermaßen am Rande des Zufalls und entfernt von starrer Regularität, die Hinweise auf komplexe Strukturbildungen geben könnten? Hier lässt sich eine zentrale Hierarchie von Signaltypen unterscheiden, die aus periodischen Komponenten mit verschiedenen Frequenzen und Amplituden bestehen.

Merksatz

Komplexe Strukturbildung lässt sich wieder durch Potenzgesetze charakterisieren. Das Spektrum ihrer Signaltypen ist nämlich näherungsweise proportional zu $1/f^b$ mit einer Zahl $b > 0$, d.h. es variiert umgekehrt proportional zur Frequenz. Allgemein spricht man in diesen Fällen von den Komplexitätsgraden des $1/f$-Rauschens.

In Abb. 6 werden Signaltypen mit Spektren für »weißes« Rauschen ($b = 0$) und »rosa« Rauschen ($b = 1$) unterschieden. Die Variationsbreite zwischen $b = 1$ und $b = 3$ wird meistens als »rotes« Rauschen bezeichnet. Im Fall von $b = 3$ spricht man vom »schwarzen« Rauschen. Der Grad der Irregularität der Signale nimmt offenbar mit wachsendem b ab.

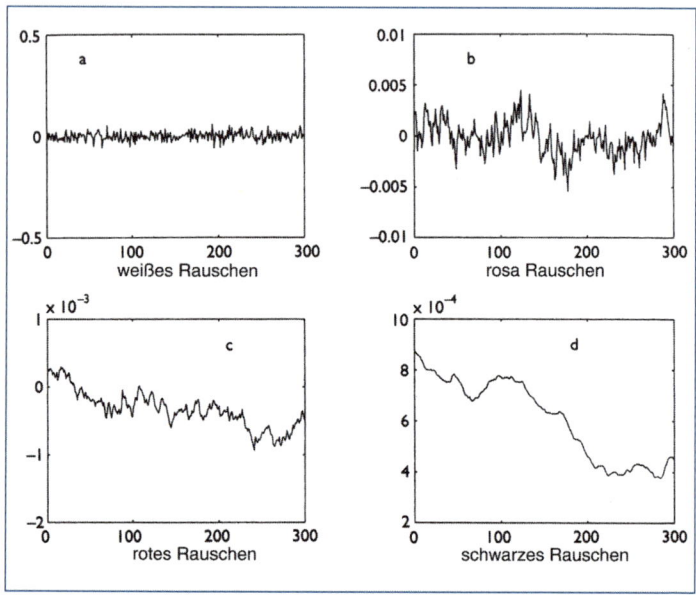

Abb. 6: $1/f^b$ – Komplexitätsgrade mit Beispielen für weißes Rauschen ($b = 0$), rosa Rauschen ($b = 1$), rotes Rauschen ($b = 2$) und schwarzes Rauschen ($b = 3$)

$1/f^b$ -Spektren liefern die Raster, um die verschieden Formen des Signalrauschens in der Welt zu unterscheiden. Das Rauschen von Flüssigkeiten ist ebenso analysierbar wie das Rauschen elektronischer Nachrichten in weltweiten Informations- und Kommunikationsnetzen. Signale von Zeitreihen sind aber auch Hinweise auf sich selbst organisierende komplexe Strukturen, Langzeittrends und Inseln der Ordnung in einem Meer von Zufallsrauschen. Zeitreihenanalysen mit $1/f^b$ -Spektren sind unabhängig von speziellen Systemen und lassen sich, wie wir in späteren Kapiteln sehen werden, auf alle Arten von dynamischen Systemen anwenden. Erdbeben, Hurrikans, Schlaganfälle und Herzinfarkte, Signale von Nervenzellen, Finanzzyklen und Finanzkrisen – Zeitreihenanalysen können uns Frühwarnsysteme liefern, um sich rechtzeitig auf gute und böse Überraschungen einzustellen. Auffallend ist dabei, dass unsere Wahrnehmung offenbar die uniformen Zufallsereignisse mit hoher Frequenz weniger registriert als die großen Ausreißer mit heftigen Fluktuationen, die von der Norm abweichen.

Das zeigt sich z.b. auch in der Informationsverarbeitung der Musik. So zeichnet sich die Musik von Johann Sebastian Bach durch komplexe Strukturierung aus. Jeder, der einmal einer Bachschen Fuge gelauscht hat, erhält eine intuitive Vorstellung von komplexer mathematischer Struktur. Bei einer Signalanalyse lassen sich sowohl die Fluktuationen der Lautstärke als die Intervalle zwischen nachfolgenden Noten analysieren. Bachsche Musik hat danach ein $1/f$-Spektrum mit rosa Rauschen. Demgegenüber zerfallen bei Musik mit weißem Rauschen Korrelationen und Strukturen in unabhängige Töne mit uniformer Verteilung, die entsprechend irritierend auf einen Hörer wirken: Das Gehirn sucht vergeblich nach Zusammenhängen. Dieser Eindruck ist gelegentlich von künstlicher Computermusik bekannt. Bei Musik mit schwarzem Rauschen scheinen die Notenfolgen mit den sich wiederholenden Trends voraussagbar und wirken entsprechend langweilig. Rosa Rauschen besitzt offenbar die richtige Mischung von Überraschung und Regelmäßigkeit und vermittelt dem Hörer einen Eindruck von Kreativität.

Literatur

Ebeling, Werner, Freund, Jan & Schweitzer, Frank (1998): Komplexe Strukturen: Entropie und Information. Leipzig: B.G. Teubner

Lyre, Holger (2002): Informationstheorie. Eine philosophisch-naturwissenschaftliche Einführung. München: W. Fink UTB

Mainzer, Klaus (2003): KI – Künstlicher Intelligenz. Grundlagen intelligenter Systeme. Darmstadt: Wissenschaftliche Buchgesellschaft

Mainzer, Klaus (2007): Der kreative Zufall. Wie das Neue in die Welt kommt. München: C.H. Beck

Shannon, Claude E. (1949): The Mathematical Theory of Communication. Urbana

4

Komplexität und Dynamik

Komplexe Systeme sind durch ihre Dynamik, d.h. die zeitliche Änderung ihrer Systemzustände bestimmt. Systemzustände hängen von der Wechselwirkung der Systemelemente ab. So entstehen Chaos und Unordnung, aber auch neue Strukturen und Ordnungen durch Selbstorganisation. Ihre Komplexitätsgrade lassen sich durch Attraktoren, Zeitreihen, Informationsentropie, Fraktale und andere Kriterien bestimmen. Bemerkenswert ist, dass bei komplexer Strukturbildung zwischen Zufall und starrer Regularität wieder Potenzgesetze auftreten. Der Formalismus komplexer dynamischer Systeme lässt sich auf Beispiele in Natur und Gesellschaft anwenden.

Gleichgewichtsdynamik und Entropie

Wahrscheinlichkeit und Information stehen in engem Zusammenhang mit dem Entropiebegriff der Thermodynamik, mit dem sich der Grad der Unordnung in komplexen Systemen mit vielen Elementen wie z.B. Molekülen in Gasen und Flüssigkeiten messen lässt. Die Thermodynamik entstand historisch aus der Wärmelehre. Aus dem Alltag ist das Verhalten von Wärme in isolierten Systemen (z.B. Thermostat) bekannt. Eine Kanne mit warmem Kaffee in einem isolierten Zimmer kühlt spontan auf nahezu die sie umgebende Zimmertemperatur ab, die ein wenig durch den heißen Kaffee erwärmt wird. Der umgekehrte Vorgang einer spontanen Mehrerwärmung des Kaffees gegenüber der Zimmertemperatur wurde nie beobachtet. Wärme fließt offenbar so lange, bis sie überall gleich verteilt ist und kein Temperaturgefälle im System mehr existiert. In den sechziger Jahren des 19. Jahrhunderts hatte der deutsche Physiker Rudolf Clausius (1822-1888) daher einen »Verwandlungswert« (Entropie) der Wärme eingeführt, der anschaulich den Wärmeaustausch eines Systems bei vorgegebener Temperatur misst.

Nach dem 2. Hauptsatzes der Thermodynamik verteilt sich Wärme in einem isolierten System immer so, dass Entropie niemals abnimmt, sondern zunimmt oder konstant bleibt, wenn das thermische Gleichgewicht erreicht ist.

Der österreichische Physiker Ludwig Boltzmann (1844-1909) schlug eine statistisch-mechanistische Erklärung vor, indem er die Makrozustände eines Körpers wie z.b. Wärme auf die Stoßmechanik von Molekülen zurückführte. Allgemein erklärt also die statistische Mechanik einen Makrozustand wie z.b. ortsabhängige Dichte, Druck, Temperatur durch Mikrozustände. Man sagt daher, dass ein beobachteter Makrozustand durch eine Anzahl W von Mikrozuständen verwirklicht wird. Die Anzahl W der Verteilungsmöglichkeiten der Mikrozustände, die den momentanen Gesamtzustand des Systems bestimmen, wird thermodynamische Wahrscheinlichkeit dieses Systemzustands genannt.

Nach Boltzmann ist die Entropie ein Maß für die Verteilungsmöglichkeiten der Mikrozustände der Elemente eines Systems, die einen Makrozustand erzeugen. Daher entspricht die thermodynamische Wahrscheinlichkeit W der Entropie S, die im Gleichgewichtszustand maximal ist.

Bei den unüberschaubar vielen Elementen eines komplexen Systems wie z.b. einem Gas kommt es darauf an, ein praktikables additives Maß für W zu finden. Das leistet der Logarithmus von W zur Basis 10 (logarithmus naturalis), mit dem sich die Dezimalstellen der Zahl W abschätzen lassen. Daher gilt nach Boltzmann die Formel $S = k_B \ln W$ mit der Boltzmann-Konstanten k_B.

An dieser Stelle wird ein grundlegender Zusammenhang zwischen Shannons Informationstheorie und dem Entropiebegriff der Thermodynamik deutlich. Betrachtet man nämlich anstelle von Zeichen eines Informationssystems die Zustände von z.b. Molekülen eines Gases, dann lässt sich analog zum mittleren Informationsgehalt H des Informationssystems eine (um die Boltzmann-Konstante ergänzte) formal gleichlautende Formel für die Entropie S des Gases ableiten, d.h. $S = k_B H$. In diesem Fall handelt es sich um den Erwartungswert der Wahrscheinlichkeitsverteilung der molekularen Mikrozustände des Gases.

Was haben aber Zustände von z.b. molekularen Systemen mit Zeichen von Informationsquellen zu tun? Tatsächlich handelt es sich nur um zwei Aspekte von komplexen Systemen. Daher wird H auch als Informationsentropie bezeichnet, mit der sowohl die Unbestimmtheit und Zufälligkeit z.b. bei der Verteilung von Zeichen einer Nachrichtenquelle als auch bei den Mikrozuständen eines thermodynamischen Systems beschrieben werden kann.

Merksatz

Allgemein ist die Informationsentropie ein Maß für die Unbestimmtheit einer Zufallsvariablen, die unterschiedlich realisiert werden kann. Der allgemeine Begriff der Informationsentropie erlaubt es, in präziser Weise vom Informationsgehalt komplexer Systeme zu sprechen.

Informationsgehalt bezieht sich nicht alleine auf von Menschen konstruierte technische Sender, die Zeichen und Nachrichten für bestimmte (menschliche) Empfänger erzeugen. Systeme mit zwei alternativen Zuständen mit gleicher Wahrscheinlichkeit können sowohl atomare Dipole in einem Eisenmagneten als auch technische Schalter und Transistoren sein. Solche Systeme können 1 Bit für einen binären (alternativen) Zustand speichern. Im Prinzip können aber auch molekulare Systeme oder zelluläre Organismen als Informationsspeicher betrachtet werden, wie wir später sehen werden.

Nicht-Gleichgewichtsdynamik, Chaos und Selbstorganisation

Im thermischen Gleichgewicht ist maximale Unbestimmtheit und Entropie bei uniformer Verteilung der Mikrozustände eines komplexen Systems erreicht. Nach dem 2. Hauptsatz der Thermodynamik entwickeln sich abgeschlossene Systeme hin zu diesem Zustand, in dem alle Korrelationen zwischen Systemelementen zerfallen. Zunehmende Unbestimmtheit, Zufälligkeit und Entropie nach dem 2. Hauptsatz entspricht abnehmende Information über die einzelnen Systemelemente. Ein Stück Würfelzucker ist zunächst ein hochgeordneter Kristall mit genau bestimmten Positionen seiner Moleküle. Im Kaffee löst er sich auf, Entropie nimmt zu und die Positionen der einzelnen Zuckermoleküle werden zunehmend unbestimmter. Im thermischen Gleichgewicht uniformer Gleichverteilung ist die Unbestimmtheit maximal und damit die Information minimal.

Merksatz

Neue Information kann daher nur in offenen Systemen gewonnen werden, in denen Entropie durch Energieaustausch mit ihrer Umgebung vermindert werden kann. Anders ausgedrückt: Informationsgewinnung kostet Energie und ist nicht zum Nulltarif zu haben. Informationsgewinnung erfordert offene Systeme fern des thermischen Gleichgewichts.

Neue Ordnungsstrukturen entstehen in Systemen fern des thermischen Gleichgewichts dadurch, dass äußere Kontrollgrößen wie z.B. Temperatur oder Energiezufuhr verändert werden, bis der alte Systemzustand instabil wird und in einen neuen Zustand umschlägt. Dabei spielen Zufallsfluktuationen eine entscheidende Rolle. Sie treiben die Systemänderung an. Bei kritischen Werten instabiler Zustände entstehen spontan makroskopische Ordnungsstrukturen, die sich durch kollektive Wechselwirkung der Systemteilchen organisieren. Diese Selbstorganisation von Strukturen in der Natur wird in der Thermodynamik des Nichtgleichgewichts durch Phasenübergänge der Systeme in instabilen Situationen aufgrund von Zufallsfluktuationen erklärt.

Als einfaches Beispiel betrachten wir das sogenannte Bénard-Experiment. Ein System ist im thermischen Gleichgewicht mit seiner Umgebung, wenn makroskopische Eigenschaften wie z.B. Druck und Temperatur, die das System als Ganzes beschreiben, völlig mit der Umgebung übereinstimmen. Im Bénard-Experiment betrachten wir eine Schicht Flüssigkeit zwischen zwei horizontalen und parallelen Platten. Die Flüssigkeit strebt sich selbst überlassen in das thermische Gleichgewicht, d.h. einen homogenen Zustand, in dem statistisch die Moleküle bzw. Flüssigkeitsteilchen unkorreliert, unabhängig und daher nicht unterscheidbar verteilt sind.

Eine Störung liegt dann vor, wenn eine der Platten erwärmt wird. Bei geringen Temperaturunterschieden kehrt das System selbstständig zum Gleichgewichtszustand zurück. Wird die Temperaturdifferenz aber weiter erhöht und vom Gleichgewichtszustand weggetrieben, treten plötzlich neue makroskopische Formen in der Flüssigkeit auf, d.h. sie organisiert sich in kleinen regelmäßigen Zellen, in denen Flüssigkeitsschichten rotieren (Bénard-Konvektion). Ursache ist eine auf- und absteigende Strömung, die durch die unterschiedlich erwärmten Platten eingeleitet wird. Die Flüssigkeit dreht sich in den Konvektionszellen abwechselnd zu benachbarten Zellen nach links oder rechts und zeichnet damit jeweils eine Richtung aus. Die anfängliche Symmetrie des Gleichgewichtszustands wird also gebrochen. Welche Ordnung (d.h. Richtung) sich in einer Konvektionszelle durchsetzt, wird an einem kritischen Instabilitätspunkt aufgrund von zufälligen Anfangsfluktuationen entschieden.

Nichtgleichgewichtszustände treten in der Natur massiv auf. Ein Beispiel ist die Biosphäre, die einem Energiefluss ausgesetzt ist, der durch den Strahlungsausgleich zwischen Sonne und Erde zustande kommt. In der Meteorologie lässt sich das spontane Entstehen von Wolkenmustern als Phasenübergang beschreiben, der bei bestimmten kritischen Werten von z.B. Temperatur und Strömung bestimmter Schichten der Atmosphäre auftritt. Strömungsmuster von Luft- und Wasserwirbel entstehen bei Erhöhung der Strömungsgeschwindigkeit durch Energiezufuhr. In Abhängigkeit von der Energiezufuhr werden immer komplexere Muster ausgebildet. In einem Fluss hinter einem Hindernis (z.B. Brückenpfeiler) treten in Abhängigkeit von der Strömungsgeschwindigkeit Strömungsmuster wachsender Komplexität auf. Zunächst besitzt der Fluss in Ruhe ein homogenes Oberflächenbild. Er befindet sich in einem Gleichgewichtszustand. Bei Erhöhung der Strömungsgeschwindigkeit kommt es zur Wirbelbildung. Zunächst beobachtet man einzelne periodisches Wirbelmuster, die sich schließlich in quasi-periodischen Mustern verbinden und bei sehr starker Strömung in ein komplexes und chaotisches Strudelbild umschlagen.

> Merksatz
>
> **Komplexe Systeme bilden fernab des thermischen Gleichgewichts spontan neue makroskopische Formen und Eigenschaften. Man spricht auch von der Emergenz makroskopischer Strukturen, die nicht einfach ein additives Aggregat von Systemelementen sind, sondern neue Ordnungskorrelationen der Systemelemente in einer makroskopischen Form und Gestalt erzeugen.**

Um die Phasenübergänge von komplexen Systemen jenseits von kritischen Schwellenwerten geometrisch zu veranschaulichen, werden baumartige Verzweigungs (Bifurkations)-Diagramme verwendet, bei denen die Zustandsgröße des Systems in Abhängigkeit von einem Kontrollparameter aufgetragen wird (Abb. 7). Für das Beispiel der Bénard-Konvektion liegt bei kleinen Werten des Kontrollparameters (d.h. geringe Temperaturdifferenz der oberen und unteren Platte) das thermische Gleichgewicht vor, das interne Fluktuationen selber dämpft. Überschreitet der Kontrollparameter einen kritischen Schwellenwert, wird dieser Zweig der Zustände instabil. Das System vermag die eigenen Schwingungen nicht mehr zu dämpfen und schlägt im Fall des Bénard-Experiments in eine der beiden möglichen Entwicklungszweige um, in denen sich links- oder rechtsdrehende Bénard-Zellen organisieren. Die Verzweigungspunkte sind die geometrische Veranschaulichung der spontanen Symmetriebrechungen, die für komplexe dynamische Systeme charakteristisch sind. Dort wirken die Zufallsfluktuationen. In den Verzweigungsästen liegen lokal stabile Ordnungsmuster vor, die bei weiterer Erhöhung des Kontrollparameters wie z.B. der Strömungsgeschwindigkeit der erwähnten Flussbilder wieder instabil werden, um in noch komplexere makroskopische Formationen umzuschlagen, die wieder instabil werden können etc.

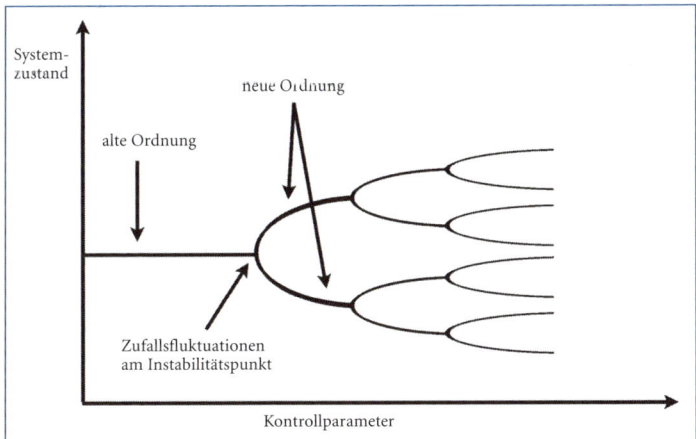

Abb. 7: Bifurkationsdiagramm komplexer dynamischer Systeme

Phasenübergänge führen fern des thermischen Gleichgewichts zu Emergenz und Selbstorganisation von Ordnung wachsender Komplexität.

Allgemein können durch zufällige Wechselwirkungen der Systemelemente auf der Mikroebene neue Strukturen auf der Makroebene entstehen, die durch die Mikrozustände der Elemente nicht erklärbar sind. Wenige instabile Systemelemente geraten an den Instabilitätspunkten in starke Schwingungen, die schließlich auch die Mehrzahl der stabilen Systemelemente mitreißen. Sie zwingen ihnen ihr Verhalten auf oder – mit den Worten von Hermann Haken – »versklaven« sie. Dadurch kommt es zu makroskopischen Veränderungen mit Ordnungs- und Musterbildungen. Es genügt also, das Verhalten der wenigen instabilen Systemelemente zu erkennen, um den Entwicklungstrend des gesamten Systems und seine makroskopischen Muster zu bestimmen. Die Größen, mit denen das Verteilungsmuster der Mikrozustände eines Systems charakterisiert wird, heißen nach dem russischen Physiker Lew D. Landau »Ordnungsparameter«.

Definition

Ordnungsparameter sind makroskopische Größen, mit denen die Muster neuer Ordnungen und Strukturen in einem komplexen dynamischen System bestimmt werden. Sie kennzeichnen den Typ der dynamischen Komplexität eines Systems nach einem Phasenübergang.

Komplexitätsgrade der Dynamik

Um die Komplexitätsgrade dynamischer Strukturen zu bestimmen, müssen wir uns an die Definition eines komplexen dynamischen Systems erinnern. Allgemein besteht ein komplexes dynamisches System aus einer großen Anzahl von Elementen. Die mikroskopischen Zustände der Elemente bestimmen den makroskopischen Zustand des Systems. So ist in einem Planetensystem der Zustand eines Planeten zu einem Zeitpunkt durch seinen Ort und seine Geschwindigkeit bestimmt. Es kann sich aber auch um den Bewegungszustand eines Moleküls in einem Gas, den Erregungszustand einer Nervenzelle in einem neuronalen Netz oder den Zustand einer Population in einem ökologischen System handeln. Die Dynamik des Systems, d.h. die Änderung der Systemzustände in der Zeit, wird durch zeitabhängige Gleichungen (z.B. Differentialgleichungen) beschrieben. Bei deterministischen Systemen ist jeder zukünftige Zustand durch den Gegenwartszustand eindeutig bestimmt.

Ein einfaches Beispiel ist ein harmonischer Oszillator. Bei einer Masse, die an einer Feder befestigt ist, führt eine kleine Auslenkung zu einer kleinen Schwingung, während eine große Auslenkung eine große Schwingung als Wirkung verursacht.

In linearen Systemen sind Ursachen und Wirkungen proportional. Mathematisch erhalten wir dann eine Gleichung der Form $f(x) = c \cdot x$ mit x-Werten (z.B für die Auslenkung eines Körpers an einer Feder), den davon abhängenden Funktionswerten $f(x)$ (z.B. der Schwingung des Körpers) und einer Proportionalitätskonstanten c (z.B. abhängig vom Material der Feder). Da diese Gleichung im Koordinatensystem eine Gerade mit der Steigung c darstellt, heißt sie linear.

Eine Lösung dieser Bewegungsgleichung lässt sich als Zeitreihe des Orts in Abhängigkeit von der Zeit darstellen. Dieser regulären Schwingung entlang der Zeitachse entspricht eine geschlossene Bahn (›Trajektorie‹) im Zustandsraum, in dem alle Zustände des dynamischen Systems als Punkte dargestellt sind (Abb. 8). Im Zustandsraum erkennen wir also die Dynamik eines linearen Oszillators vollständig. Eine Kausalitätsanalyse ist in diesem Fall nicht nur vollständig durchführbar, sondern auch berechenbar.

Aus der Mathematik wissen wir: Lineare Gleichungen sind leicht zu lösen. Nichtlineare Gleichungen, die geometrisch Kurven darstellen, erlauben aber nicht immer beliebig genaue Berechenbarkeit, selbst mit unsern besten Computern. Ein Beispiel sind die Mehrkörperprobleme der Himmelsmechanik, bei denen mehr als zwei Himmelskörper durch Gravitation aufeinander einwirken. Sie erzeugen Rückkopplungen, die nichtlinearen Bewegungsgleichungen der Planeten entsprechen.

Henri Poincaré (1892) zeigte erstmals, dass bei einem nichtlinearen Mehrkörperproblem chaotisch instabile Bahnen auftreten können, die empfindlich von ihren Anfangswerten abhängen und langfristig nicht vorausberechenbar sind.

Schließlich bewiesen Andrei N. Kolmogorov (1954), Wladimir I. Arnold (1963) und Jürgen K. Moser (1962) ihr berühmtes KAM-Theorem: Trajektorien im Zustandsraum der klassischen Mechanik sind weder vollständig regulär noch vollständig irregulär, sondern hängen empfindlich von den gewählten Anfangsbedingungen ab. Winzige Abweichungen von den Anfangsdaten führen zu völlig verschiedenen Entwicklungstrajektorien. Daher können die zukünftigen Entwicklungen in einem chaotischen System langfristig nicht vorausberechnet werden, obwohl sie mathematisch wohl definiert und determiniert sind.

Statt kontinuierlicher Prozesse lassen sich auch diskrete Prozesse als Änderung der Systemzustände in Zeitschritte durch Differenzengleichungen untersuchen. Ein Beispiel ist die Entwicklungssdynamik einer Population. Die Größe x_n der Population im n-ten Jahr bestimmt die Größe der nachfolgenden Population x_{n+1} in Abhängigkeit von einer Reproduktionsrate r. Man erhält so eine lineare Wachstumsfunktion $f(x)$ = $r \cdot x$. Ihr entspricht eine rekursive Funktion von nachfolgenden Generationen $x_{n+1} = f(x_n) = r \cdot x_n$, die bei der Berechnung eines Funktionswertes $f(x_n)$ auf den vorher berechneten Wert x_n zurückgreift. Anschaulich werden Populationswerte wie ineinander geschachtelte russische Puppen erzeugt. Die Rechenkomplexität (vgl. Kap.1) hängt von den Rekursionsschritten und der Reproduktionsrate r ab. Beginnt man mit der Anfangspopulation x_0, so erhält man wegen x_0, $f(x_0)$, $f(f(x_0))$, $f(f(f(x_0)))$, ... exponentielles Wachstum x_0, $r \cdot x_0$, $r^2 \cdot x_0$, $r^3 \cdot x_0$, ...

Wenn nur beschränkte Ressourcen (z.B. Nahrungsgrundlage einer Population) zur Verfügung stehen, muss eine negative Rückkopplung des Wachstums berücksichtigt werden. Sie ist umso stärker, je größer die jeweilige Generation ist. Normiert man den größten Populationswert mit 1, könnte die Rückkopplung durch den Faktor $1-x$ zum Ausdruck gebracht werden. Der Mathematiker und Soziologe Pierre F. Verhulst (1804-1849) schlug daher die quadratische (also nichtlineare) Wachstumsfunktion $f(x) = r \cdot (1-x) \cdot x = r \cdot (x-x^2)$ vor. Die entsprechende rekursive Funktion $x_{n+1} = f(x_n) = r \cdot (1-x_n) \cdot x_n$ nachfolgender Generationen erzeugt eine überraschende Vielfalt von Wachstumsmustern in Abhängigkeit von der Reproduktionsrate r. Die Reproduktionsrate ist der Kontrollparameter dieses dynamischen Systems.

Die Komplexitätsgrade der Verhulst-Dynamik zeigen sich in den Zeitreihen nachfolgender Generationen (Abb. 8). Schwaches Wachstum r beginnt zunächst mit einer exponentiellen Kurve, die dann in ein Gleichgewichtsplateau mündet. Das Plateau dieser sogenannten logistischen Kurve entspricht einem Gleichgewichtspunkt, d.h. von einer Größe x^* ab verändert sich die Population nicht mehr und bleibt für alle nachfolgenden Generationen auf den Punkt $f(x^*) = x^*$ fixiert. Anschaulich hat sich die Population den Umweltbedingungen angepasst. Für stärkeres Wachstum wird eine Oszillation zwischen zwei Populationsgrößen erzeugt. Anschaulich liegt in diesem Fall Überbevölkerung vor, bei der z.b. die nicht ausreichende Ernährungsgrundlage zu Schwankungen führt. Bei noch stärkerem Wachstum kommt es zu mehrfachen Verzweigungen der Entwicklungsäste (Abb. 7), die mehrfachen Populationsgrößen entsprechen, zwischen denen die Populationskurve schwankt. So werden quasi-periodische Entwicklungsmuster erzeugt, die sich rhythmisch wiederholen. Bei sehr starkem Wachstum ergeben sich ab einem kritischen Wert des Wachstumsparameters völlig irreguläre (nicht-periodische) chaotische Schwankungen, die empfindlich von kleinsten Veränderungen der Anfangsdaten abhängen (Abb. 8).

Im Zustandsraum sieht man anschaulich, wie die Zustandsentwicklung (Trajektorie) eines dynamischen Systems in charakteristischen Mustern (Attraktoren) münden:

Definition

Ein Attraktor ist ein Zustand, in den ein dynamisches System langfristig hineingezogen wird. Ein Gleichgewichtszustand entspricht einem Fixpunkt-Attraktor, der sich im Lauf der Zeit nicht mehr verändert (»fixiert bleibt«). Im Zustandsraum laufen (»konvergieren«) dann alle Entwicklungslinien (Trajektorien) zu diesem Punkt als Endzustand. Lineare Systeme besitzen nur Fixpunkt-Attraktoren. Nichtlineare Systeme besitzen auch Grenzzyklen, in denen sich Zustände periodisch wiederholen, oder im Fall von Turbulenz Chaosattraktoren, bei denen sich die Entwicklungslinien völlig irregulär und nicht-periodisch in einem begrenzten Gebiet des Zustandsraums verdichten (Abb. 8). Bei Zufallsentwicklungen sind alle Korrelationen in unabhängige Ereignisse zerfallen und schwanken irregulär über den gesamten Zustandsraum. Dynamische Komplexität und Chaos liegen also zwischen völliger Regularität (wie bei linearen Systemen) und Zufall.

Daher zielt die Verhulst-Dynamik im 1. Fall auf einen Fixpunktattraktor. Im 2. Fall schwankt sie zwischen zwei Zuständen. Im 3. Fall führen selbst eng benachbarte Anfangswerte nach wenigen Iterationsschritten zu irregulär auseinanderlaufenden Trajektorien. Im Computermodell führen dann geringste Veränderungen von digitalisierten Anfangsdaten zu einer exponentiell wachsenden Rechenzeit zukünftiger Daten, die Langzeitprognosen praktisch ausschließt. Man beachte:

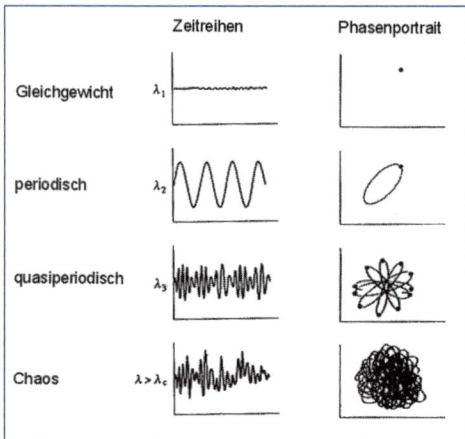

Abb. 8: Komplexitätsgrade von Zeitreihen und Attraktoren

Im deterministischen Chaos ist die Dynamik durch ein nichtlineares Wachstumsgesetz vollständig determiniert. Dennoch sind langfristige Wirkungen praktisch nicht vorausberechenbar, da der Rechenaufwand wegen der empfindlichen Abhängigkeit von den Anfangsdaten exponentiell wächst. Im Unterschied zu chaotischen sind zufällige Entwicklungen prinzipiell (also auch kurzfristig) nicht vorausberechenbar, da (wie z.B. beim fairen Münzwurf) alle Ereignisse unabhängig sind.

Diese Komplexitätsgrade lassen sich auch auf dynamische Systeme anwenden, wenn wir wie im Fall der Strömungsdynamik die einzelnen Mikrozustände wegen der ungeheuren Anzahl der Systemelemente (z.B. Gasmoleküle) nicht kennen können. Der Makrozustand des Systems wird dann durch eine Wahrscheinlichkeitsverteilung von Mikrozuständen der Systemelemente bestimmt. Die Dynamik, d.h. die zeitliche Entwicklung dieser Verteilungsfunktion wird durch eine stochastische Gleichung beschrieben.

Betrachten wir dazu noch einmal die Strömungsmuster in einem Fluss hinter einem Hindernis in Abhängigkeit von der steigenden Strömungsgeschwindigkeit. Zunächst besitzt der Fluss ein homogenes Strömungsbild hinter dem Hindernis. Es entspricht einem homogenen

Gleichgewichtszustand als Fixpunktattraktor. Bei Erhöhung der Strömungsgeschwindigkeit kommt es zu einzelnen Wirbelbildungen. Sie entsprechen periodischen Zyklen an den Verzweigungsästen des Bifurkationsbaums (Abb. 7). Bei weiterer Erhöhung der Strömungsgeschwindigkeit verbinden sich die Wirbel zu Wirbelmuster, die quasiperiodischen Zyklen am immer komplexer sich verzweigenden Bifurkationsbaum entsprechen. Schließlich schlägt das Strömungsbild in nicht-periodische und irreguläre Strudelbilder um, die einem Chaosattraktor entsprechen (Abb. 8).

Ein weiteres Beispiel liefert die nichtlineare Strömungsdynamik in der Meteorologie, wonach geringste lokale Veränderungen, ein kleiner nicht beachteter Wirbel auf der Wetterkarte, ein trudelndes Blatt, der Flügelschlag eines Schmetterlings globale chaotische Veränderungen der Großwetterlage auslösen können. Jedermann weiß um die Verlässlichkeit des Wetterberichts. In der Chaostheorie spricht man deshalb nach dem Meteorologen und Mathematiker Edward N. Lorenz vom »Schmetterlingseffekt«. Trotz hoher Rechenkapazitäten heutiger Computer sind nur kurzfristige Voraussagen möglich.

Um die Komplexität einer Zeitreihe und damit einer nichtlinearen Dynamik zu messen, können wir z.B. den Grad der Nicht-Periodizität oder die empfindliche Abhängigkeit einer Dynamik von ihren Anfangsdaten bestimmen. So lässt sich mit den sogenannten Lyapunov-Exponenten messen, ob und wie die Trajektorien im Zustandsraum auseinanderdriften, um den Grad der empfindlichen Abhängigkeit (Schmetterlingseffekt) zu erfassen.

Die Zickzackkurven chaotischer oder zufälliger Zeitreihen erinnern häufig an die unregelmäßigen Küstenlinien von Ländern. Tatsächlich hatte der Mathematiker Benoit B. Mandelbrot 1980 die Frage gestellt »Wie lang ist die Küste Britanniens?« Damit machte er auf die merkwürdige Eigenschaft aufmerksam, dass sich das Muster ihrer Zickzackkurve bei unterschiedlicher Skalierung z.B. vom Flugzeug aus, bei einer Küstenwanderung oder auf dem Niveau kleiner Kieselsteine statistisch wiederholt, wenn man jeweils von einzelnen Unterschieden absieht. In diesem Fall spricht man von fraktalen Mustern, die sich durch statistische Selbstähnlichkeit bei unterschiedlicher Skalierung auszeichnen. Fraktale Zeitreihen mit Selbstähnlichkeit können ein Hinweis auf Chaos sein. Attraktoren mit selbstähnlichen (fraktalen) Mustern im Zustandsraum heißen seltsame (englisch »strange«) Attraktoren.

Ein einfaches Beispiel eines Fraktals ist die Kochsche Kurve. Sie lässt sich rekursiv aus einer Ausgangslinie erzeugen, die in drei gleiche Strecken unterteilt ist. Eine Kopie entsteht dadurch, dass auf der mittleren Strecke ein gleichseitiges Dreieck errichtet wird und die Basis fortgelassen wird. Diese Zickzackfigur besteht nun aus vier gleichlangen Teilstrecken. Dieser Vorgang wird für jede Teilstrecke beliebig wiederholt (Abb. 9).

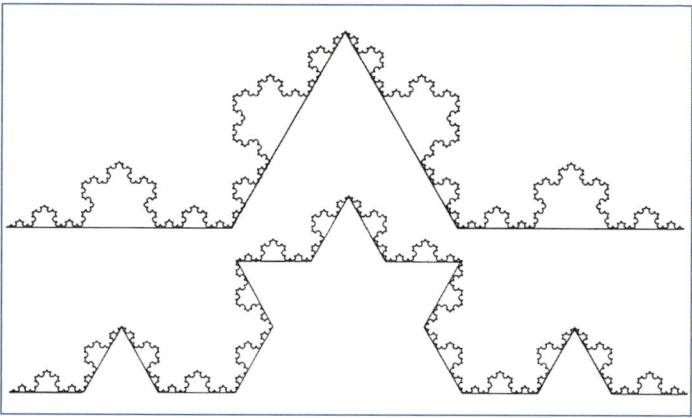

Abb. 9: Fraktale Komplexität und Selbstähnlichkeit (Kochsche Kurve)

Anschaulich entsteht ein selbstähnlicher »Küstenstreifen«, dessen Dimension »mehr« als eine eindimensionale Linie, aber »weniger« als eine zweidimensionale Fläche ist. Der Begriff der »gebrochenen« (fraktalen) Dimension lässt sich durch die Ähnlichkeitsdimension D veranschaulichen:

Definition

Die Ähnlichkeitsdimension bestimmt die Dimension selbstähnlicher Figuren und Körper. Ein euklidisches Objekt der Dimension D und Kantenlänge ε ist proportional zu ε^D, also Quadrat mit ε^2 und Würfel mit ε^3. Um die Länge, Fläche oder das Volumen eines selbstähnlichen Objekts zu bestimmen, kann man die Anzahl N der selbstähnlichen Kopien zählen. Man erhält dann ein Potenzgesetz, wonach N proportional zu ε^D ist, d.h. $D \approx \log N / \log \varepsilon$.

Im Fall der Kochschen Kurve ergibt sich wegen $N = 4$ und $\varepsilon = 3$ eine fraktale Dimension von ca. $D = 1{,}26$. Selbstähnlichkeit veranschaulicht die Skaleninvarianz von fraktalen Strukturen, die sich auf allen Größenordnungen (Skalen) wiederholen.

Vertiefung

> Skaleninvarianz zeigt sich allgemein in einem Potenzgesetz der Form $f(x)$ = $k \cdot x^\alpha$. Änderung der Skala entspricht einer Multiplikation von x mit dem Maßstab c. Dabei bleibt die Form $f(c \cdot x) = \underline{k} \cdot x^\alpha$ des Potenzgesetzes erhalten (invariant), wenn man von dem neuen Maßstab $\underline{k} = k \cdot c^\alpha$ absieht.

Potenzgesetze sind typisch für komplexe Muster und Strukturen, die bei komplexen dynamischen Systemen auftreten. Wir haben Potenzgesetze bereits bei Fraktalen und $1/f$-Signalrauschen (Abb. 6) kennen gelernt. In den folgenden Kapiteln wird sich zeigen, dass die Emergenz vieler komplexer Phänomene in Natur und Gesellschaft Potenzgesetzen folgt. Dazu wird ein Verfahren benötigt, mit dem man die Skaleninvarianz einer Systemdynamik in den empirischen Daten erkennen kann. Logarithmiert man die erwähnte Form eines Potenzgesetzes auf beiden Seiten, so erhält man die lineare Funktion $\log f(x) = \log (k \cdot x^\alpha) = \log k + \alpha \cdot \log x$. Zeigt sich also bei der doppelt logarithmischen Auftragung der Messdaten $f(x)$ gegen x eine Gerade mit Steigung α, so haben wir es mit einem Potenz- oder Skalengesetz zu tun. Damit ist ein wichtiger empirischer Hinweis auf komplexe Strukturbildungen in einem dynamischen System gewonnen.

Literatur

Haken, Hermann (1990): Synergetik. Eine Einführung. Berlin: Springer 3. Auflage

Mainzer, Klaus (2007): Thinking in Complexity. The Computational Dynamics of Matter, Mind, and Mankind. Berlin: Springer 5. erweiterte Auflage

Mainzer, Klaus (2005): Symmetry and Complexity. The Spirit and Beauty of Nonlinear Science. Singapore: World Scientific

Mandelbrot, Benoit B. (1987): Die fraktale Geometrie der Natur. Basel: Birkhäuser

Nicolis, Grégoire **& Prigogine,** Ilya (1987): Die Erforschung des Komplexen. München: Piper

Richter, Klaus **& Rost,** Jan-Michael (2004): Komplexe Systeme. Frankfurt a. M.: Fischer 2. Auflage

5

Komplexität und Evolution

Die biologische Evolution ist durch die Entwicklungsdynamik komplexer zellulärer Organismen bestimmt. Nach der thermodynamischen Selbstorganisation tritt nun eine genetische bzw. zelluläre Selbstorganisation von Systemen auf, die Regeln der Mutation, Selektion und des Metabolismus benutzt. Diese Entwicklungsdynamik hängt keineswegs von den speziellen chemischen Grundlagen ab, die für die historische biologische Evolution auf der Erde vorlagen. Es handelt sich vielmehr um formale Organisationsgesetze komplexer Systeme, die auf dem Computer simulierbar sind. Damit können auch andere Entwicklungen komplexer Systeme durchgespielt werden, als sie in der historischen Evolution Darwins stattfanden (Künstliches Leben). In dieser Anwendung komplexer dynamischer Systeme besteht die eigentliche Darwinsche Revolution für die Zukunft. Dabei lassen sich wieder Komplexitätsgrade von neuen Mustern und Strukturen unterscheiden, die durch Ordnungsparameter und Potenzgesetze bestimmt sind. Leben entsteht also am Rande von Zufall und Chaos, aber fern von starrer Regularität. In der Medizin erweisen sich diese Kriterien als grundlegend zur Unterscheidung von Krankheit und Gesundheit.

Komplexität und Selbstorganisation des Lebens

Evolution wird erst fern des thermischen Gleichgewichts möglich. Im thermischen Gleichgewicht sind nach dem Zweiten Hauptsatz der Thermodynamik alle Strukturen eines abgeschlossenen Systems in ihre Elemente zerfallen. Um sich gegen den Entropiestrom des Zerfalls und der Auflösung durchzusetzen, müssen Systeme offen sein und im Stoff- und Energieaustausch mit ihrer Umgebung stehen. Neue Ordnungsstrukturen bilden sich in offenen Systemen fern des thermischen Gleichgewichts dadurch, dass Kontrollgrößen wie z.B. Temperatur oder Energiezufuhr verändert werden, bis der alte Systemzustand instabil wird und in einen neuen Zustand umschlägt. Bei kritischen Werten instabiler Zustände entstehen spontan makroskopische Ordnungsstrukturen, die sich durch kollektive Wechselwirkung der Systemteilchen organisieren. Diese Selbstorganisation von Strukturen in der Natur wird in der Thermodynamik des Nichtgleichgewichts durch Phasenübergänge der Systeme in instabilen Situationen erklärt. Anschaulich können wir uns einen Verzweigungsbaum (Abb. 7) vorstellen, an dessen Instabilitätspunkten Zufallsschwankungen auftreten und an dessen Ästen neue Strukturen entstehen.

> **Definition**
>
> **Für die Erklärung von Lebensentstehung und Lebenserhaltung reichen die Gesetze der Thermodynamik nicht aus. Bei der zellulären Selbstorganisation sind die Anweisungen für den Aufbau des Systems in den Bausteinen selbst (d.h. der molekularen DNS-Struktur der Zelle) verschlüsselt. Man spricht daher auch von einer genetisch codierten Selbstorganisation der biologischen Evolution im Unterschied zur thermodynamischen Selbstorganisation.**

In der präbiotischen Evolution geht es um die spannende Frage, wie die thermodynamische Selbstorganisation physikalischer und chemischer Systeme nahe und fern des thermischen Gleichgewichts schließlich den Weg zur codierten Selbstorganisation der biologischen Evolution fand. Die thermodynamische Selbstorganisation liefert nur die physikalischen und chemischen Rahmenbedingungen für die genetische Selbstreplikation von Nukleinsäuren und Proteinsynthesen. Sie verwendet autokatalytische Prozesse, die im (vereinfachten deterministischen) Modell des Hyperzyklus nach Manfred Eigen (1971) durch nichtlineare Differentialgleichungen 1. Ordnung für Konzentrationen chemischer Stoffe beschrieben werden. Das Schema des Hyperzyklus zeigt die wachsende Komplexität vom Makromolekül zur integrierten Zellstruktur. In der Sprache der Tradition könnte man auch von der »Emergenz« neuer Phänomene sprechen, die auf hierarchischen Stufen der Evolution von der katalytischen Wechselwirkung einfacher Moleküle über die Autokatalyse von Makromolekülen (z.B. Proteine) bis zur komplexen Wechselwirkung in einer Zelle auftreten.

Typisch ist dabei wieder die rekursive Struktur der Rückkopplungs- und Zirkelkausalität. Vom Standpunkt komplexer Systeme ist die biologische Evolution der Arten durch eine rückgekoppelte Dynamik von Genotyp, Phänotyp und Population bestimmt. Danach wäre der Genotyp ein komplexes System von Genen auf der Mikroebene, aus dem sich auf der Makroebene der Phänotyp eines Organismus mit makroskopischen Eigenschaften wie z.b. Gestalt und Größe als genetischen Ordnungsparametern entwickelt. Populationen sind komplexe Systeme von Organismen, deren Selektion wieder auf den Genpool zurückwirken kann.

Viele der dabei wirkenden Mechanismen (z.B. Proteine) sind zwar heute noch unbekannt. Mathematische Modelle mit komplexen dynamischen Systemen könnten aber präzisierte Konzepte liefern, die in der empirischen biologischen Forschung überprüft, weiterhelfen oder verworfen werden. Dabei handelt es sich wieder um nichtlineare Differentialgleichungen, mit denen die Dynamik auf den hierarchischen Stufen von Genotyp, Phänotyp und Population beschrieben werden. Ihren Lösungen unter geeigneten Werten ihrer Kontrollparameter entsprechen der Emergenz der neuen Lebensphänomene, die auf diesen Stufen auftreten.

Merksatz

Die Evolution neuer Arten wird also durch Phasenübergänge des Nichtgleichgewichts modelliert. Mutationen entsprechen den Fluktuationen an Instabilitätspunkten, Selektionen der anschließenden Verzweigungsdynamik. Solche Gleichungen bestimmen Klassen von möglichen Bifurkationsbäumen als Evolutionsschemata mit Fluktuationen (›Mutationen‹) in den Verzweigungen und treibenden Kräften in den Entwicklungsästen der Arten (Abb. 10).

Auch das ökologische Zusammenleben von Populationen lässt sich mit komplexen dynamischen Systemen erfassen. Ökologische Systeme sind nämlich komplexe offene Systeme von Pflanzen oder Tieren, die in gegenseitigen (nichtlinearen) Kopplungen (Metabolismus) mit ihrer Umwelt fern des thermischen Gleichgewichts leben. So kann die Symbiose zweier Populationen mit ihrer Nahrungsquelle durch drei gekoppelte Differentialgleichungen modelliert werden, die bereits Lorenz in der Meteorologie verwendete. Bekannt sind die nichtlinearen Wechselwirkungen einer Raubtier- und einer Beutetierpopulation, die von den Mathematikern und Biologen Alfred J.Lotka (1880-1949) und Vito Volterra

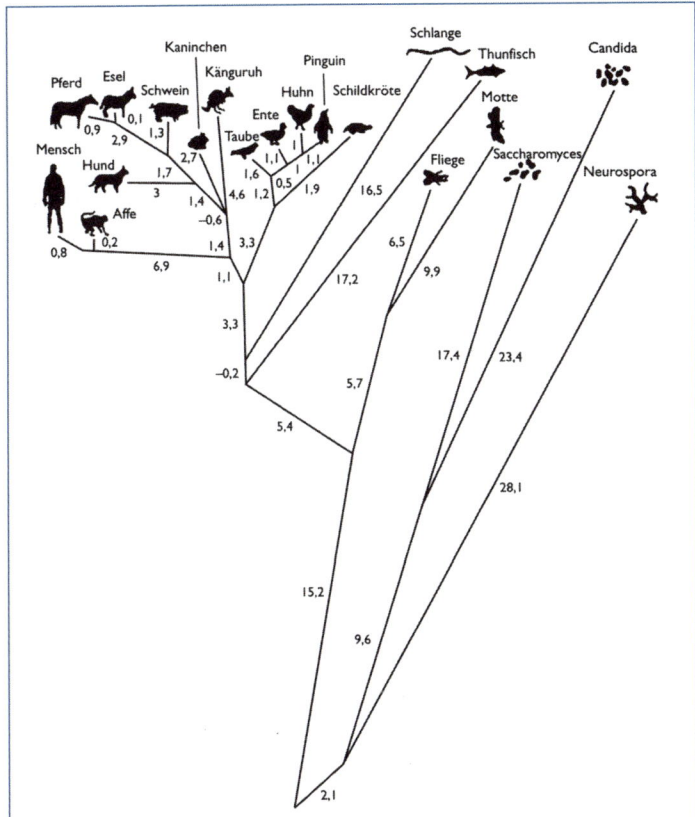

Abb. 10: Komplexer Verzweigungsbaum der Evolution (mit Angaben der Unterschiede in der Aminosäuresequenz des Cytochroms c der verschiedenen Arten)

(1860-1940) mit zwei gekoppelten Differentialgleichungen beschrieben wurden. Die Dynamik dieser gekoppelten Systeme hat stationäre Gleichgewichtspunkte. Ihre Attraktoren sind periodische Oszillationen bzw. Grenzzyklen. Bei offenen Systemen kann die nichtlineare Populationsdynamik immer weiter vom thermischen Gleichgewicht fortgetrieben werden, bis irreguläre Turbulenz und Chaos auftreten. In der Sprache der Tradition handelt es sich dabei um Beispiele der Emergenz von Turbulenz und Chaos.

Der menschliche Organismus ist ein komplexes zelluläres System, in dem beständig labile Gleichgewichte durch Stoffwechselreaktionen aufrecht erhalten werden müssen. Das Netzwerk der Stoffwechselreaktionen einer einzigen Leberzelle zeigt, wie ausbalanciert die lokalen Gleichgewichte sein müssen, um die globalen Lebensfunktionen zu garantieren. Die dabei auftretenden Rückkopplungsschleifen von Zirkelkausalitäten entsprechen genau den gekoppelten nichtlinearen Gleichungen komplexer dynamischer Systeme.

Gesundheit als medizinischer Ordnungsparameter des Organismus beschreibt eine Balance zwischen Ordnung und Chaos. Starre Regulation würde verhindern, auf Störungen flexibel zu reagieren. So funktioniert unser Herz nicht wie eine ideale Pendeluhr. Seine nichtlineare Dynamik ist ein gut untersuchtes Anwendungsgebiet komplexer Systeme in der Medizin. Dazu wird das Herz als ein komplexes zelluläres Organ aufgefasst. Elektrische Wechselwirkungen der Zellen lösen Aktionspotentiale aus, die zu oszillierenden Kontraktionen (Herzschlag) als makroskopischen Mustern (›Ordnungsparametern‹) führen. Ein Elektrodiagramm ist eine Zeitreihe mit charakteristischen Mustern für die Herzschläge. Um diese Dynamik zu studieren, müssen geeignete Kontrollparameter verändert werden. Dabei kann die Herzdynamik einen periodenverdoppelnden Kaskadenverlauf beginnen, der schließlich wie im Bifurkationsdiagramm (Abb. 7) der logistischen Funktion im Chaos als Zustand des Herzkammerflimmerns mündet. In der Sprache der Mathematik wäre Herzkammerflimmern wieder ein Beispiel für die Emergenz eines Makrozustands nichtlinearer Dynamik. Es gibt also unerwünschte und unkontrollierbare Emergenz. Sie lässt sich nur vermeiden, indem wir die kritischen Kontrollparameter, unter denen sie eintritt, frühzeitig erkennen und vermeiden.

Allgemein unterscheiden wir bei einem komplexen dynamischen System die Mikrodynamik der Systemelemente und die Makrodynamik der Muster und Strukturen, die durch Wechselwirkung der Systemelemente in Phasenübergängen (Selbstorganisation) an Instabilitätspunkten der Systemdynamik entstehen und durch Ordnungsparameter charakterisierbar sind. Die Unterscheidung in Mikro- und Makrodynamik ist dabei relativ, da z.B. Zellen sowohl als Elemente eines komplexen Organismus als auch als komplexe Systeme aus molekularen Bausteinen betrachtet werden können. So ergibt sich eine Hierarchie von komplexen Systemen, die von der Mikrodynamik der Elementarteilchen und Atome über die Makro- bzw. Mikrodynamik der molekularen Strukturen, der Zytologie der Zellen und der Physiologie der Organe bis zu den Organismen, Arten und ökologischen Systemen reicht. Die Hierarchie in Abb. 11 ist keineswegs ontologisch fixiert, sondern kann je nach Forschungsstand beliebig verfeinert oder verändert werden. Von jeder dieser Stufen können nichtlineare Modelle angegeben werden, die durch Ordnungsparameter bestimmbar sind.

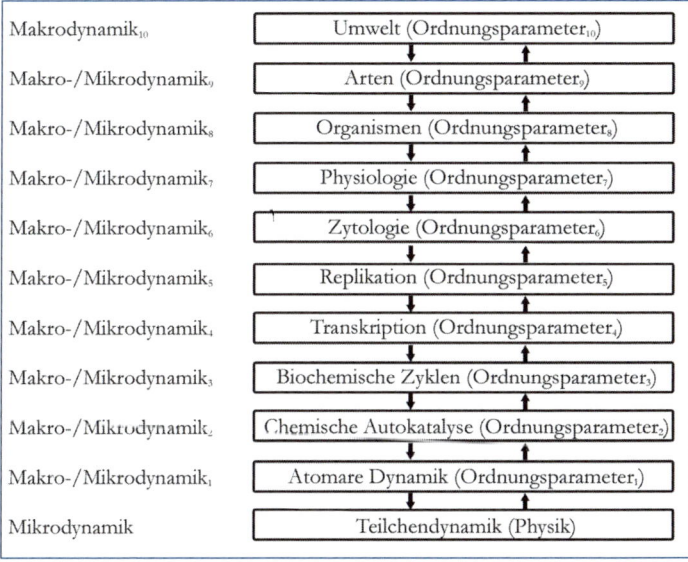

Abb. 11: Hierarchie von komplexen dynamischen Systemen der Natur mit entsprechender Skala von Ordnungsparametern dynamischer Komplexität

Einfache lineare Gesetze und euklidische Figuren und Gestalten gibt es kaum in der Biologie. Andererseits finden wir auch keine Fraktale mit perfekten selbstähnlichen kleineren und größeren Kopien beliebiger Skalierung. Allerdings ist statistische Selbstähnlichkeit mit kleineren Abweichungen ein durchaus häufiges Merkmal des Lebens. Bei Pflanzen kennen wir die selbstähnlichen Verzweigungsmuster von Farnen oder Baumkronen. Auffallend ist auch dieselbe durchschnittliche Verzweigungsrate von Blutgefäßen in Organen. Auch Arterien der Lunge oder die koronaren Herzkranzgefäße erfüllen die Eigenschaften statistischer Selbstähnlichkeit. Selbstähnlichkeit ist also typisch für hochausdifferenzierte und komplexe Strukturen. Dabei treten Merkmale auf verschiedenen Skalierungsstufen immer wieder auf. Das entspricht, wie wir im letzten Kapitel sahen, Potenzgesetzen. Sie erkennt man empirisch, wenn Messgrößen bei geeigneter logarithmischer Darstellung eine lineare Abhängigkeit zeigen.

Da das Leben mit hochkomplexen Strukturen und Abhängigkeiten zu tun hat, verwundert es nicht, dass Potenzgesetze in großer Vielfalt nachweisbar sind. So bewegen sich kleine und leichte Tiere schnell, große und schwere dagegen langsam. Offenbar besteht ein entsprechender Zusammenhang zwischen Stoffwechsel (Metabolismus), Herzschlagfrequenz etc. mit der Masse eines Organismus. Das kommt in der sogenannten allometrischen Gleichung $X = X_o \cdot M^a$ zum Ausdruck, die einen Zusammenhang zwischen einer biologischen Variablen X wie der metabolischen Rate des Stoffwechsels oder der Lebenserwartung eines Organismus und seiner Körpermasse M herstellt. Dabei eicht X_o die Messskala und hängt von typischen Eigenschaften des Organismus ab. Der Skalenexponent a nimmt eine begrenzte Anzahl von Vielfachen eines Grundwertes an. Ursprünglich vermutete man Vielfache von 1/3, da die Körpermasse an das dreidimensionale Volumen des Körpers gebunden ist. Genaue physiologische Messungen ergeben jedoch z.B. eine Metabolismusrate mit $M^{3/4}$. Hunderte von Beispielen zeigen biologische Variablen, die mit Vielfachen von 1/4 skalieren. So skaliert der Herzschlag mit $M^{-1/4}$, die Lebenserwartung und Blutzirkulation mit $M^{-1/4}$.

Skalierungs- und Potenzgesetze von Organismen unterstreichen die Bedeutung komplexer dynamischer Systeme für Medizin und Gesundheit. Das traditionelle Gesundheitskonzept nimmt einen homeostatischen Gleichgewichtszustand an, in dem der Organismus in maximal effizienter Weise arbeitet. Krankheit wird als Abweichung von diesem Gleichgewichtszustand verstanden. Der Arzt muss danach den Gleichgewichtszustand fixieren. Dabei gehen Diagnose und Therapie von einer linearen Gleichgewichtsdynamik aus. Tatsächlich liegt aber eine nichtlineare Nicht-Gleichgewichtsdynamik zugrunde, also ein homeodynamischer Zustand. Adaptivität, Flexibilität und Fehlertoleranz sind gefordert.

Starre Regularität von gemessenen Zeitreihen bei z.B. EKG-Kurven sind keineswegs Zeichen von Stabilität und Gesundheit. Lokale Abweichungen unterstreichen Flexibilität in veränderten Situationen. Populär könnte man sagen: Etwas (lokales) Chaos im Herzen ist gesund; es darf sich nur nicht global aufschaukeln.

Komplexität und Künstliches Leben

Die Evolution von Leben ist nicht an die Chemie dieser Erde gebunden und lässt sich allgemein für eine geeignete Klasse von Informationssystemen realisieren. Eine wichtige Eigenschaft lebender Systeme ist die Fähigkeit zur Selbstreproduktion.

Merksatz

John von Neumann bewies erstmals für zelluläre Automaten, dass nicht die Art der materiellen Bausteine für die Selbstreproduktion grundlegend ist, sondern eine Organisationsstruktur, die eine vollständige Beschreibung von sich selbst enthält und diese Information zur Schaffung neuer Kopien verwendet.

Die Analogie mit dem Zellverband eines Organismus entsteht, wenn man sich das System eines zellulären Automaten als unbegrenztes Schachbrett vorstellt, auf dem jedes Quadrat eine Zelle repräsentiert. Die einzelnen Zellen der parkettierten Ebene lassen sich als endliche Automaten auffassen, deren endlich viele Zustände durch verschiedene Farben oder Zahlen unterschieden werden. Im einfachsten Fall gibt es nur die beiden Zustände »schwarz« (1) oder »weiß« (0). Eine Umgebungsfunktion gibt an, mit welchen anderen Zellen die einzelne Zelle verbunden ist. Sie kann z.B. die Form eines Kreuzes oder Quadrates festlegen. Der Zustand einer Zelle hängt von Zuständen in der jeweiligen Umgebung ab und wird durch (lokale) Regeln bestimmt. Da alle Regeln in einem Schritt ausgeführt werden, arbeitet das Automatennetz des zellulären Automaten synchron und taktweise.

Die aus einer Konfiguration von zellulären Zuständen durch Regelanwendung entstandene Konfiguration heißt Nachfolger der ursprünglichen Konfiguration. Die aus einer Konfiguration durch wiederholte Regelanwendung entstandenen Konfigurationen heißen Generationen der ursprünglichen Konfiguration. Eine Konfiguration ist stabil, wenn sie mit ihrem Nachfolger übereinstimmt. Sie »stirbt« in der nächsten Generation, wenn alle ihre Zellen im Zustand »weiß« (0) sind.

Nach John von Neumann muss ein sich selbst reproduzierender Automat die Leistungsfähigkeit einer universellen Turingmaschine haben, also jede Art von zellulärem Automaten simulieren können. In der präbiotischen Evolution hatten die ersten sich selbst reproduzierenden Makromoleküle und Mikroorganismen sicher nicht den Komplexitätsgrad eines universellen Computers. Tatsächlich gibt es einfachere zelluläre Automaten ohne die Fähigkeit universeller Berechenbarkeit, die sich in bestimmten Perioden wie Organismen spontan reproduzieren können.

Zur Analyse der Evolutionsmodelle genügen eindimensionale Automaten:

Definition

Eindimensionale Automaten bestehen aus Zeilen von Zellen, die sich in einem zweidimensionalen Parkett entwickeln. In einem einfachen Fall hat jede Zelle zwei Zustände 0 und 1, die grafisch z.B. durch eine weißes bzw. schwarzes Quadrat dargestellt werden können. Der Zustand jeder Zelle ändert sich in einer Folge von diskreten Zeitschritten nach einer Transformationsregel, in der die vorherigen Zustände der jeweiligen Zelle und ihrer beiden Nachbarzellen berücksichtigt sind.

Mit solchen einfachen lokalen Regeln können eindimensionale zelluläre Automaten mit zwei Zuständen und zwei Nachbarzellen unterschiedliche komplexe Muster erzeugen, die an Strukturen und Prozesse der Natur erinnern. Ihre Anfangszustände (d.h. das Muster der Anfangszeile) dürfen geordnet oder ungeordnet sein. Daraus entwickeln diese Automaten in aufeinanderfolgenden Zeilen typische Endmuster. Aufgrund von Computerexperimenten schlug Stephen Wolfram vor, diese Automaten durch ihre typischen Endmuster in vier Klassen wachsender Komplexität zu unterteilen (Abb. 12).

Ein Automat der Klasse 1 geht unabhängig von seinem Anfangszustand bereits nach wenigen Schritten in einen identischen Endzustand über, in dem alle Zeilen schwarz bzw. weiß bleiben. Anschaulich gerät der Automat nach wenigen Schritten in einen stabilen Gleichgewichtszustand. Er erinnert an ein System von Wassermolekülen, die bei Abkühlung auf den Gefrierpunkt jede Bewegungsänderung einstellen und im thermischen Gleichgewicht als Eiskristall erstarren. Klasse-2-Automaten erzeugen oszillierende Muster, in denen sich bestimmte Konfigurationen endlos wiederholen. Sie erinnern an periodische Muster (z.b. Tierfelle) oder Datenreihen pulsierender Prozesse (z.b. Herzschlag) in der Natur.

Klasse-3-Automaten produzieren zufällige Verteilungsmuster von schwarzen und weißen Zellen, die an wirbelnde Schneeflocken, turbulente Strömungen oder verrauschte Muster ohne jede Ordnung erinnern. Klasse-4-Automaten erzeugen lokal hoch komplexe zusammenhängende Muster, die organisches Wachstum simulieren. Im Unterschied zu Automaten der Klassen 1 und 2 hängen die Muster der Automaten der Klasse 3 und 4 empfindlich von den Anfangsbedingungen ab. Geringste Veränderungen in der ersten Zeile führen bereits nach wenigen Schritten zu globalen Veränderungen der Musterbildung.

Abb. 12: Komplexitätsgrade zellulärer Automaten

Die vier Klassen zellulärer Automaten entsprechen Graden dynamischer Komplexität in der Natur. Danach können sich Systeme von vielen Atomen, Molekülen oder Zellen unter veränderten Bedingungen in unterschiedlichen Aggregaten oder Konfigurationen verbinden, die von Gleichgewichtszuständen und periodischen Oszillationen bis zu Zufall, Chaos und Komplexität reichen.

Das Studium zellulärer Automaten erlaubt daher bemerkenswerte Einsichten in die Möglichkeit von Zukunftsprognosen dynamischer Prozesse. Für die beiden ersten Klassen sind Zukunftsprognosen leicht. In der ersten Klasse entwickeln sich zelluläre Automaten bereits nach wenigen Schritten in ein Gleichgewicht mit einem sich nicht mehr verändernden identischen Zellenzustand. Damit geht allerdings jegliche Information über frühere Zustände des Systems verloren. Aus der identischen Gleichgewichtsverteilung z.b. schwarzer Zellen lassen sich frühere Zustände bis hin zur Anfangsbedingung nicht rekonstruieren: Die zeitliche Entwicklung ist nicht umkehrbar (irreversibel). Demgegenüber ist die Entwicklung sich endlos wiederholender Muster in der zweiten Klasse sowohl für zukünftige als auch vergangene Entwicklungen voraussagbar: Die zeitliche Entwicklung ist reversibel.

In den Zufallsmustern der dritten Klasse zerfallen Schritt für Schritt alle Zusammenhänge, und der Entwicklungsprozess wird irreversibel. Demgegenüber bilden sich in der vierten Klasse in nicht-periodischer Weise immer neue lokale Inseln komplex zusammenhängender Ordnungsmuster aus. Die zeitliche Entwicklung ist daher irreversibel. Wegen der empfindliche Abhängigkeit von nur geringfügig veränderten Anfangsbedingungen in der dritten und vierten Klasse verändern sich die Musterentwicklungen schon nach wenigen Schritten und sind daher langfristig nicht im Detail voraussagbar. In der vierten Klasse lassen sich allerdings Trends zu lokalen komplexen Strukturen erkennen, die an Attraktoren der Chaostheorie erinnern. Bei den Zufallsprozessen der dritten Klasse ist überhaupt keine Voraussage möglich. Jede Information über Zusammenhänge geht verloren.

Das Computermodell zellulärer Automaten liefert eine sehr tiefgründige Einsicht in die Berechenbarkeit der Natur: Selbst wenn wir alle Mikrogesetze von Elementarteilchen kennen und berechnen können, so ist damit noch nicht die Berechenbarkeit aller Prozesse der Natur garantiert.

Wesentliche Aspekte der Evolution lassen sich bereits mit einfachen zellulären Automaten und genetischen Algorithmen darstellen. Die Transformationsregeln eines Automaten werden dazu durch binäre Zahlen codiert. Sie repräsentieren quasi den Genotyp eines virtuellen Organismus:

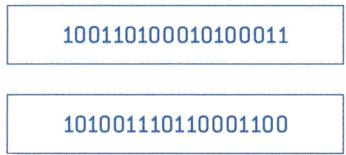

Der makroskopische Phänotyp dieser virtuellen Organismen zeigt sich in den zellulären Mustern, die bei unterschiedlichen Anfangsbedingungen erzeugt werden. Zufälliger Austausch von 0 und 1 (z.B. durch Würfeln) entspricht einer Mutation. Verschiedenen Rekombinationen (Crossing-Over) von Teilsträngen der Codenummern sind zugelassen. Dabei wird der Schnittpunkt des Crossing-Over ebenfalls per Zufall festgelegt:

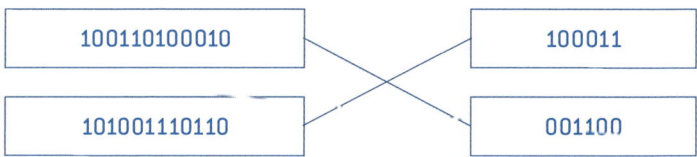

Literatur

Dawkins, Richard (2005): Das egoistische Gen. Hamburg: Rowohlt 7. Auflage
Eigen, Manfred **& Winkler,** Ruthild (1990): Das Spiel. Naturgesetze steuern den Zufall. München: Piper 9. Auflage

Gould, Stephen J. (1991): Zufall Mensch. Das Wunder des Lebens als Spiel der Natur. München: Hanser

Mainzer, Klaus (2003): KI – Künstliche Intelligenz: Grundlagen intelligenter Systeme. Darmstadt: Wissenschaftliche Buchgesellschaft

Mainzer, Klaus (2007): Der kreative Zufall. Wie das Neue in die Welt kommt. München: C.H. Beck

Komplexität von Geist und Gehirn

Das Gehirn ist ein komplexes neuronales System mit nichtlinearer Dynamik. Nach der thermodynamischen und genetischen Selbstorganisation tritt nun die neuronale Selbstorganisation von Gehirnen auf, die Regeln synaptischer Verbindungen benutzt. Durch synchrones Feuern bilden sich neuronale Cluster und Muster, die mit mentalen Zuständen korreliert sind. Wir sprechen dann von der Emergenz des Geistes. Diese Entwicklungsdynamik hängt keineswegs von den speziellen neurochemischen Grundlagen ab, die für die historische Evolution von Nervensystemen auf der Erde vorlagen. Es handelt sich vielmehr um formale Organisationsgesetze komplexer Systeme, die auf dem Computer simulierbar sind. Damit könnten auch andere intelligente Systeme erzeugt werden, als sie in der historischen Evolution Darwins entstanden (Künstliche Intelligenz). Nach der Entschlüsselung der Gehirndynamik besteht in dieser Anwendung komplexer dynamischer Systeme die eigentliche Revolution neuronaler Selbstorganisation für die Zukunft. Dabei lassen sich wieder Komplexitätsgrade von neuronalen und mentalen Mustern unterscheiden, die durch Ordnungsparameter bestimmt sind.

Komplexität und Selbstorganisation von Gehirn und Geist

Eine der aufregendsten fachübergreifenden Anwendungen komplexer Systeme ist das menschliche Gehirn. Dazu wird das Gehirn als ein komplexes System von Nervenzellen (Neuronen) aufgefasst, die im Grunde nur zwei Mikrozustände kennen, nämlich »Feuern« und »Nicht-Feuern«. »Feuern« bezeichnet die Entladung der Membranspannung einer Nervenzelle, die durch die Aktionspotentiale von benachbarten Nervenzellen ausgelöst wurde. Ein solches Aktionspotential bewirkt die Ausschüttung von chemischen Botenstoffen (Neurotransmitter), die über den Zwischenspalt einer Synapse an eine benachbarten Zelle geschickt werden und dort zusammen mit den Botenstoffen anderer Zellen bei einem kritischen Schwellenwert (Kontrollparameter der Nervenzelle) eine Veränderung der Oberflächenspannung der Zelle verursachen. Diese neurochemischen Wechselwirkungen führen schließlich zu Verschaltungsmustern (»cell assemblies«) von gleichzeitig (synchron) feuernden Nervenzellen. Die Dynamik von Gehirnzuständen lässt sich dann durch Gleichungen von (makroskopischen) Ordnungsparametern modellieren, die solchen neuronalen Verschaltungsmustern entsprechen. Bei EEG-Aufnahmen misst ein komplexes System von Elektroden lokale Gehirnzustände mit elektrischen Potentialen.

Viele Nervenzellen (Neuronen) im Gehirn sind also nicht fest «verdrahtet» wie die Schaltelemente auf einem Computerchip. Ihre synaptischen Verbindungen lassen sich durch Lernregeln neurochemisch verändern. So verstärken nach den Hebbschen Lernregeln Neuronen, die bei bestimmten Anlässen immer gemeinsam feuern, ihre synaptischen Verbindungen. Dadurch entstehen synaptische Korrelationen (Aktivitätsmuster) im Gehirn, die wiederum Korrelationen von Außenweltsignalen entsprechen.

In PET (Positron-Emissions-Tomographie)-Aufnahmen des Gehirns lassen sich Schaltmuster bei unterschiedlichen Wahrnehmungen, Bewegungen, Emotionen und kognitiven Leistungen (z.B. Sprechen, Lesen, Rechnen) in Echtzeit beobachten. In der Computeranimation erinnern diese Verschaltungsmuster an die Strömungsmuster eines Flusses, die durch thermodynamische Selbstorganisation entstehen. Sie sind die Attraktoren komplexer neuronaler Dynamik. Auch Zeitreihen von z.B. EEG-Daten haben periodische Muster oder chaotisch-irreguläre Verläufe, die auf Grenzzyklen oder Chaosattraktoren im neuronalen Zustandsraum verweisen. Damit können psychische Krankheitsbilder (z.B. Epilepsieanfälle) verbunden sein.

Definition

Im Gehirn wird Selbstorganisation durch die Lernregeln eines komplexen neuronalen Systems bestimmt, nach denen sich die Systemteile (Neuronen) unter geeigneten Nebenbedingungen von selbst zu Ordnungsmustern (*cell assemblies*) verbinden. Zu ihrer Erklärung reicht weder die thermodynamische Selbstorganisation in Physik und Chemie noch die genkodierte Selbstorganisation in der Biologie aus. Beim Lernen haben wir es mit einer neuen Form der Selbstorganisation komplexer neuronaler Systeme zu tun.

Nur die Voraussetzungen und Fähigkeiten des Lernens sind in hochentwickelten Organismen (wie z.B. dem Menschen) mit dem Aufbau eines Nervensystems genetisch vorgegeben. Was wir lernen, wie wir Probleme lösen, wie sich unsere Gefühle, Gedanken und Einstellungen entwickeln, ist genetisch nicht im Einzelnen vorgegeben.

In der Sprache der nichtlinearen Dynamik könnte also das Auftreten von Bewegungen, Wahrnehmungen, Gedanken, Gefühlen, Bewusstsein u.ä. als Emergenz von makroskopischen Gehirnzuständen aufgefasst werden, die nicht durch einzelne Neuronen, sondern nur durch ihre nichtlineare Wechselwirkung erklärbar werden. Wenn wir eine Bewegung wie z.B. einen Tennis- oder Golfschlag erlernen, dann verschalten sich Neuronen im Kleinhirn, die an der Koordination entsprechender Arm- und Körpermuskeln beteiligt sind. Wenn dieses Verschaltungsmuster durch viel Übung ausgebildet ist, wird es im Gedächtnis abgespeichert. Der entsprechende Ordnungsparameter kann jederzeit abgerufen werden. Er charakterisiert einen Attraktor neuronaler Dynamik. Unser Verhalten wird automatisch in diesen gelernten Zustandsverlauf »hineingezogen«: Wir »können« dann einfach Golf- oder Tennisspielen, ohne weiter darüber nachzudenken. Ein ganzheitlicher Bewegungsvorgang läuft unbewusst ab. Wenn wir anfangen, darüber nachzudenken und die Bewegung in einzelne Teile zerlegen, werden wir häufig verunsichert, und die Bewegung funktioniert in der Regel nicht mehr.

Ebenso erkennen wir bei Wahrnehmungen ganzheitliche Gestalten, ohne sie in ihre Pixel zu zerlegen. Die Gestaltpsychologie meinte daher lange Zeit, dass die Wahrnehmung von Bildern und Gestalten nie »physikalisch-mechanisch« erklärt werden könnte. Die spontane Emergenz einer Gestalt und die Integration ihrer Einzelteile musste wie ein Wunder erscheinen.

Merksatz

> **Wahrnehmungen von ganzheitlichen Gestalten entstehen im visuellen System nach dem bekannten Schema der Selbstorganisation in komplexen Systemen: Neuronen, die aufgrund von ähnlichen Farb- und Gestaltsignalen gemeinsam erregt werden und feuern, erzeugen Verschaltungsmuster, die Wahrnehmungen der Außenwelt in visuellen Karten abbilden. Die Struktur von Verschaltungsmustern kann durch Ordnungsparameter charakterisiert werden.**

Diese Verschaltungsmuster sind die neuronale Grundlage aller motorischen, perzeptiven und kognitiven Leistungen des Gehirns: Ein einzelnes Neuron denkt und fühlt also nicht. Das ist vielmehr die kollektive Leistung eines neuronalen Clusters von verschalteten und korrelierten Zellen. Allerdings bildet der Code aus feuernden und nicht-feuernden Neuronen im Gehirn nur die Maschinen- bzw. Gehirnsprache menschlicher Kognition. Damit daraus ein Gefühl, Gedanke oder eine Vorstellung wird, bedarf es mehr als der Interaktion einzelner Neuronen. Nach dem Stand der Kognitions- und Gehirnforschung gehen wir von komplex sich verschaltenden und interagierenden Arealen und Zellclustern des Gehirns aus, die motorische, kognitive und emotionale Zustände erzeugen.

Bewusstsein bezeichnet keine isolierte Substanz, sondern eine Vielzahl von graduell unterschiedlichen kognitiven Zuständen des Gehirns, die von einfachen Wachzuständen und Aufmerksamkeitsgraden über Gedächtnis, Planung und Entscheidung bis zum Selbstbewusstsein reichen. Unterschiedliche Bewusstseinsgrade treten zusammen mit motorischen, sensorischen und kognitiven Zuständen auf, so dass wir z.B. von visuellem Bewusstsein oder bewusstem Nachdenken sprechen.

Typisch ist dabei die Selbstwahrnehmung (*self-awareness*) körperlicher, emotionaler und kognitiver Zustände. So finden sich im Gehirn Cluster von Neuronen, die als motorische Karten und visuelle Felder bezeichnet werden. Sie repräsentieren in neuronalen Verschaltungsmustern Bewegungsabläufe und Bilder der Außenwelt. Auch die eigene Körperoberfläche ist in somatosensorische Karten des Gehirns dargestellt, wobei die einzelnen Körperteile je nach Sensibilität unterschiedlich groß berücksichtigt sind. Damit kann das Gehirn jederzeit Informationen über den eigenen Körper abrufen und ihn wahrnehmen. Das Gehirn kartographiert und repräsentiert aber nicht nur die Außenwelt durch Wahrnehmung und die topographische Körperoberfläche durch Selbstwahrnehmung, sondern auch die neurobiologischen Korrelate mentaler Prozesse.

Merksatz

Das Gehirn erzeugt eine Hierarchie von Schaltmustern von Schaltmustern von Schaltmustern bis zu hoch komplexen Gehirnzuständen wie dem Selbstbewusstsein (Abb. 13). Auf der Mikroebene verschalten sich feuernde Neuronen. So entsteht ein Schaltmuster, das z.B. einer Wahrnehmung auf der Makroebene entspricht. Eine Wahrnehmung kann sich mit anderen Wahrnehmungen der Außenwelt, Selbstwahrnehmungen, Vorstellungen etc. verknüpfen und auf fol-

genden Makroebenen komplexe Schaltmuster von Schaltmustern von Schaltmustern etc. erzeugen – bis zu gespeicherten Erinnerungen, die z.b. das Langzeitgedächtnis mit unserer Lebensgeschichte und Ich-Identität einschalten. Schaltmuster können also sowohl als Makrozustände als auch als Mikroelemente von Schaltmustern von Schaltmustern betrachtet werden. Diesen Makrozuständen wachsender Komplexität entsprechen Ordnungsparameter, deren Interaktion durch nichtlineare Gleichungen modellierbar ist.

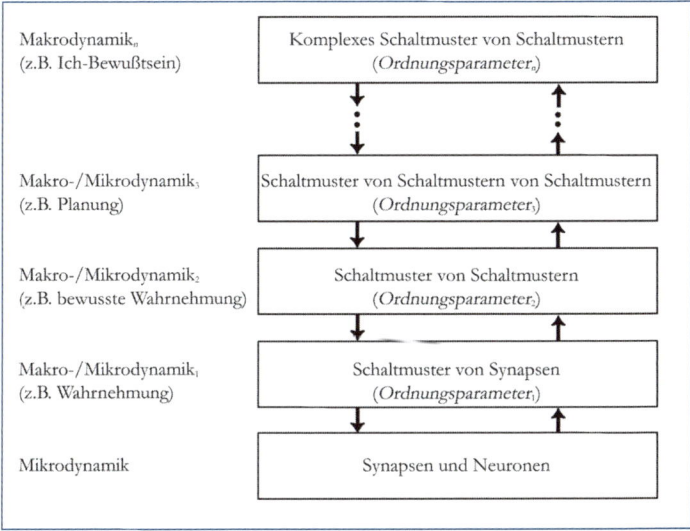

Abb. 13: Hierarchie von komplexen Verschaltungsmustern des Gehirns mit entsprechender Skala von Ordnungsparametern dynamischer Komplexität

Typisch für menschliches Denken ist die Fähigkeit zur Selbstreflektion, wobei wir nicht nur denken, sondern über unser Denken nachdenken, das wiederum zum Nachdenken über das Nachdenken des Nachdenkens etc. führt. Dieser im Prinzip unendliche Regress entspricht einem rekursiven Prozess wachsender Komplexität. Ordnungsparameter messen die dynamische Komplexität von emergenten Strukturen (z.B. neuronale

Verschaltungsmuster), die nach Phasenübergängen komplexer dynamischer Systeme (z.b. des Gehirns) entstehen.

Bei der Selbstwahrnehmung nimmt »es« nicht nur in mir wahr, sondern »ich« nehme mich selbst als Handelnden und Denkenden wahr. Ich-Bewusstsein und Subjektivität sind also eine hochkomplexe Integrationsleistung des Gehirns. Diese neuronale Integration des Ichs fällt nicht von Himmel, sondern entsteht in der Entwicklungsphase eines Menschen durch Körpererfahrung und Selbstwahrnehmung. Nicht nur motorische Erfahrung, sondern auch höhere Formen der Kognition wie z.b. Denken und Begreifen bilden sich durch körperlicher Interaktion mit der Umgebung aufgrund von sensorisch-motorischer Koordination. Auch emotionale Entwicklungen sind ohne Körpererfahrung nicht möglich. Das emotionale Gedächtnis speichert alle Erfahrungen und bewertet sie durch Körperempfindungen. Angst wird z.b. als Zittern der Glieder empfunden. Wohlbefinden äußert sich in einer sonnigen Wärme, die den Bauchraum erfüllt. Bei Glück weitet sich die Brust. Bei Trauer und Schmerz verkrampft sich der Körper und scheint sich zusammenzuziehen.

Solche Körperempfindungen von Gefühlen nennt man auch somatische Marker. Sie sind die Ordnungsparameter unserer Empfindungen. Erfahrungen und Erinnerungen sind mit somatischen Markern im emotionalen Gedächtnis belegt. So kommt es, dass wir uns in bestimmten Umgebungen sofort wieder wohl fühlen oder sich die Körperhaltung verkrampft, weil sich die emotionalen Erinnerungen spontan wieder körperlich äußern. Somatische Marker von Emotionen unterstreichen die leib-seelische Einheit und damit die Integration von Körper, Geist und Gefühl.

Vertiefung

Geist (*mind***) ist daher keine abgetrennte Substanz, die dem Körper (***body***) gegenübersteht. An diesem Dualismus kranken häufig noch die Debatten des Leib-Seele-Problems (***mind-body problem***). Die mentalen Fähigkeiten des Menschen sind wesentlich durch seinen Organismus geprägt, der in der Evolution entstand. Man spricht daher in Philosophie und Kognitionsforschung von ***embodied mind*** (»verkörperlichter Geist«).**

Die Integration von Körper und Geist wurde durch die Evolution realisiert. Das menschliche Gehirn zeichnet sich durch eine Vielzahl unterschiedlicher Leistungen und Fähigkeiten aus, die der menschliche Organismus unter den sich ändernden Bedingungen seiner Evolution entwickelt hat. Ihre Emergenz ist aber – wie immer bei der Selbstorganisation komplexer Systeme – nicht auf die Bausteine des Systems zu reduzieren, d.h. in diesem Fall feuernde und nicht-feuernde Neuronen. Bekanntlich können Neuronen weder denken noch fühlen. Erst eine geeignete Wechselwirkung eines komplexen neuronalen Systems erzeugt den mentalen Zustand, der die entsprechende kognitive Leistung möglich macht.

Menschliche Kreativität zeigt sich in überraschenden Einfällen. Die Kognitionspsychologie spricht dann von »Fulguration«. Vom Standpunkt komplexer Systeme wissen wir, dass neue Muster und Strukturen spontan durch nichtlineare Wechselwirkung von Systemelementen entstehen. Genau diese Selbstorganisation meint die Emergenz von Struktur in komplexen Systemen unter geeigneten Nebenbedingungen. So wurde in Kapitel 3 der Strukturreichtum von Musik durch unterschiedliche Signalspektren analysiert, in denen Überraschung und Regelmäßigkeit von musikalischen Einfällen zum Ausdruck kommt.

Vertiefung

> **Die Tiefe und Komplexität eines kreativen Einfalls bewegt sich offenbar auf einer Skala zwischen zusammenhanglosen Zufällen und starrer Regularität. Dort ist auch der Komplexitätsgrad von sich selbst organisierenden Systemen der physikalischen, chemischen und biologischen Evolution angesiedelt. Auf dieser Komplexitätsskala operiert auch das kreative Gehirn und bringt neue Strukturen und Ordnungen hervor.**

Komplexität und Künstliche Intelligenz

Die faktische biologische Evolution des menschlichen Gehirns ist nur Beispiel eines komplexen Informationssystems, das mit neuronaler Selbstorganisation arbeitet. Warren S. McCulloch und Walter Pitts schlugen 1943 ein erstes Modell eines technischen neuronalen Netzes vor.

Definition

> **Ein McCulloch-Pitts Netz ist ein komplexes System aus technischen Einheiten, die wie Neuronen in dualen Zuständen 1 (»Feuern) und 0 (»Nicht-Feuern«) sein können und damit auf die Intensität der Impulse anderer Einheiten in Abhängigkeit von einer Reizschwelle re-**

agieren. Die Intensität der Impulse wird analog zu Transmitteraus-
schüttungen in Synapsen zwischen den Neuronen verstanden und
durch numerische Gewichte modelliert.

Eine wesentliche Einschränkung der McCulloch-Pitts-Netze bestand in
der Annahme, dass die Gewichte für immer fixiert seien. Damit ist eine
entscheidende Leistungsfähigkeit des Gehirns aus seiner stammesge-
schichtlichen Evolution ausgeschlossen. Das Lernen wird nämlich durch
Modifikationen der Synapsen zwischen den Neuronen ermöglicht. Es
setzt also variable Synapsengewichte voraus. Die Stärke der Verbindungen (Assoziationen) von Neuronen hängt von den jeweiligen Synapsen ab. Unter physiologischen Gesichtspunkten stellt sich das Lernen
daher als lokaler Vorgang dar. Die Veränderungen der Synapsen werden
nicht global von außen veranlasst und gesteuert, sondern geschehen
lokal an den einzelnen Synapsen durch Änderung der Neurotransmitter.

Anfang der 80er Jahre schlug der Physiker John Hopfield ein ein-
schichtiges neuronales Netz vor, das am Modell sich selbst organisie-
render Materialien (Spinglas-Modell) orientiert ist. Ein Ferromagnet ist
ein komplexes System aus Dipolen mit je zwei möglichen Spinzuständen
Up ($\uparrow$) und Down ($\downarrow$). Mit einem Ordnungsparameter lässt sich die
zufällige statistische Verteilung der Up- und Down-Zustände als Makrozustand des Systems angeben. Bei Abkühlung des Systems auf den Curie-
Punkt findet ein Phasenübergang statt, bei dem spontan nahezu alle
Dipole in den gleichen Zustand springen und daher aus einer zufälligen
Verteilung ein reguläres Muster hervorgeht (Abb. 14a). Das System geht
also in einen Gleichgewichtszustand (Attraktor) über, in dem sich selb-
ständig eine Ordnung organisiert. Diese Ordnung wird als magnetischer
Gesamtzustand des Ferromagneten wahrgenommen.

Definition

Ein Hopfield-System ist ein komplexes Netz aus einer einzigen
Schicht, in dem binäre Neuronen vollständig und symmetrisch ver-
netzt sind. Es ist daher ein homogenes neuronales Netz. Der binäre
Zustand eines Neurons entspricht den beiden möglichen Spinwerten
eines Dipols. Die Dynamik des Hopfield-Systems ist exakt dem Spinglas-Modell der Festkörperphysik nachgebildet.

Die energetische Wechselwirkung der magnetischen Atome im Spinglas-Modell wird nun als Wechselwirkung binärer Neuronen interpretiert. Die Verteilung der Energiewerte im Spinglas-Modell wird als Verteilung der »Rechenenergie« im neuronalen Netz aufgefasst. Anschaulich können wir uns dazu ein Potentialgebirge über dem Zustandsraum aller möglichen binären Neuronen vorstellen. Startet das System aus einem Anfangszustand, so bewegt es sich in diesem Potentialgebirge so lange bergab, bis es in einem Tal mit lokalem Minimum stecken bleibt. Ist der Startzustand das Eingabemuster, so ist das erreichte Energieminimum die Antwort des Netzwerkes. Ein Tal mit lokalem Energieminimum ist also ein Attraktor, auf den sich das System hinbewegt.

Eine einfache Anwendung ist die Wiedererkennung eines zufällig verrauschten Musters, dessen Prototyp das System vorher gelernt hat. Dazu stellen wir uns ein schachbrettartiges Gitternetz aus binären technischen Neuronen vor. Ein Muster (z. B. der Buchstabe A) wird im Gitternetz durch schwarze Punkte für alle aktiven Neuronen (mit Wert 1) und weiße Punkte für inaktive Neuronen (mit Wert 0) dargestellt. Die Prototypen der Buchstaben werden zunächst dem System »eintrainiert«, d.h. sie werden mit den Punktattraktoren bzw. lokalen Energieminima verbunden. Die Neuronen sind mit Sensoren verbunden, mit denen ein

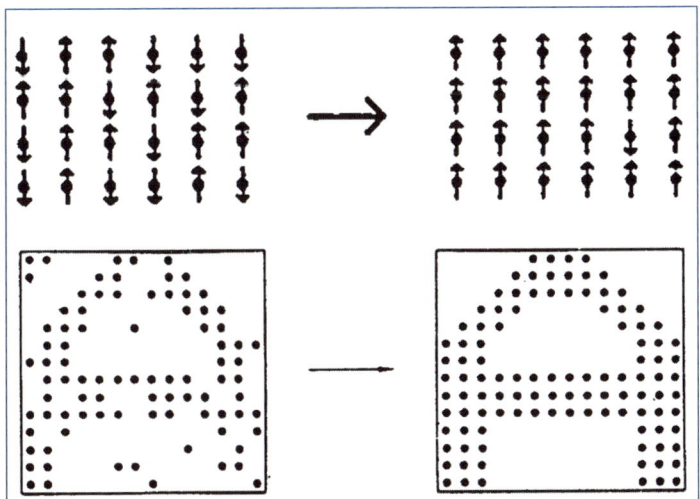

Abb. 14: Komplexität und Ordnungsparameter (a) beim Phasenübergang eines Ferromagneten und (b) bei der Mustererkennung eines Hopfield-Systems

Muster wahrgenommen wird. Bieten wir nun dem System ein zufällig verrauschtes und teilweise gestörtes Muster des eintrainierten Prototypen an, dann kann es den Prototypen in einem Lernprozess wiedererkennen.

Der Lernprozess geschieht durch lokale Wechselwirkungen der einzelnen Neuronen nach einer Hebbschen Lernregel: Sind zwei Neuronen zur gleichen Zeit entweder aktiv oder inaktiv, so wird die synaptische Kopplung verstärkt. Bei unterschiedlichen Zuständen werden die synaptischen Gewichte verkleinert. Der Lernprozess wird so lange durchgeführt, bis der gespeicherte Prototyp erzeugt (»wiedererkannt«) ist. Der Wiedererkennungsprozess ist also ein Phasenübergang zu einem Zielattraktor, wie wir ihn bereits beim Ferromagneten beobachtet haben. Hervorzuheben ist, dass dieser Phasenübergang ohne zentrale Programmsteuerung durch Selbstorganisation geschieht (Abb. 14b).

Hopfield-Systeme arbeiten zwar parallel, aber determiniert, d.h. jedes Neuron ist z.B. bei der Buchstabenerkennung unverzichtbar. Probabilistische Netzwerke haben demgegenüber experimentell große Ähnlichkeit mit biologischen neuronalen Netzen. Werden Zellen entfernt oder einzelne Synapsengewichte um kleine Beträge verändert, erweisen sie sich als fehlertolerant gegenüber zufälligen kleineren Störungen wie das menschliche Gehirn z.B. bei kleineren Unfallschäden.

Das menschliche Gehirn arbeitet mit Schichten paralleler Signalverarbeitung. So sind z.B. zwischen einer sensorischen Inputschicht und einer motorischen Outputschicht interne Zwischenschritte neuronaler Signalverarbeitung geschaltet, die nicht mit der Außenwelt in Verbindung stehen. Tatsächlich lässt sich auch in technischen neuronalen Netzen die Repräsentations- und Problemlösungskapazität steigern, indem verschiedene lernfähige Schichten mit möglichst vielen Neuronen zwischengeschaltet werden. Die erste Schicht erhält das Eingabemuster. Jedes Neuron dieser Schicht hat Verbindungen zu jedem Neuron der nächsten Schicht. Die Hintereinanderschaltung setzt sich fort, bis die letzte Schicht erreicht ist und ein Aktivitätsmuster abgibt.

Definition

Wir sprechen von überwachten Lernverfahren, wenn der zu lernende Prototyp (z.B. die Wiedererkennung eines Musters) bekannt ist und die jeweiligen Fehlerabweichungen daran gemessen werden können. Beim nicht-überwachten Lernen werden gemeinsame Merkmale ohne äußere Vorgabe durch Selbstorganisation erkannt.

Ein Lernalgorithmus muss die synaptischen Gewichte so lange verändern, bis ein Aktivitätsmuster in der Outputschicht herauskommt, das möglichst wenig vom Prototyp abweicht. Wie kann ein neuronales Netz ohne »Überwachung« durch eine äußere Instanz (Prototyp bzw. »Lehrer«) lernen? Hochentwickelte Gehirne der biologischen Evolution können nicht nur eintrainierte Muster wiedererkennen, sondern klassifizieren spontan nach Merkmalen ohne äußere Überwachung des Lernvorgangs. Begriffe und Figuren werden durch spontane Selbstorganisation erzeugt. In einer mehrschichtigen Netzwerkhierarchie kann dieser Prozess durch Wettbewerb und Selektion der Neuronen in den verschiedenen Schichten realisiert werden. Ein Neuron lernt, indem es den Wettbewerb mit den übrigen Neuronen eines Clusters gewinnt.

Da das Gehirn nur ein Beispiel für komplexe Informationssysteme ist, das mehr oder weniger zufällig auf dieser Erde entstanden ist, können ähnliche Systeme auch technisch entwickelt werden. Dann könnte die neuronale Dynamik, die zu Bewusstseinszuständen führt, auch in solchen technischen Systemen realisiert werden. Ihre Verschaltungsmuster wären in entsprechenden zellulären neuronalen Netzen realisierbar. Voraussetzung ist, dass die Gesetze, Verschaltungsmuster und organischen Prozesse, die zu diesen Gehirnzuständen führen, bekannt sind.

Einfache Formen des Selbstmonitoring gibt es bereits in existierenden Computer- und Informationssystemen. In der biologischen Evolution haben sich bei Tieren und Menschen mehr oder weniger zufällig Bewusstseinsformen wachsender Komplexität ausgebildet. Wenn Bewusstsein nichts anderes ist als ein bestimmter Zustand des Gehirns, dann ist jedenfalls prinzipiell nicht einzusehen, warum nur die vergangene biologische Evolution ein solches System hervorzubringen vermochte. Der Glaube an die Einmaligkeit der Biochemie des Gehirns ist durch unsere bisherige technische Erfahrung wenig gestützt. Einzelne Zustände, Funktionen und Leistungen des Gehirns können durch technische Systeme auf ähnlicher oder verschiedener Grundlage übernommen werden, ohne der neuronalen Vorlage in allen Details gleichen zu müssen.

Ist damit aber die Gehirndynamik berechenbar und determiniert? Das Computermodell zellulärer Automaten liefert bereits eine sehr tiefgründige Einsicht in die Berechenbarkeit der Natur (vgl. Kap. 5): Selbst wenn wir alle Wechselwirkungsgesetze der einzelnen Zellen kennen und berechnen können, so ist damit noch nicht die Berechenbarkeit aller Prozesse eines zellulären Automaten garantiert.

Daher gilt:

Selbst wenn wir alle Wechselwirkungsgesetze der Neuronen im Gehirn kennen würden, so ist damit noch nicht die Berechenbarkeit aller Zustände des Gehirns ermöglicht – von unseren Gedanken bis zu den Gefühlen. Zusätzlich müssen wir berücksichtigen, dass das Gehirn keineswegs ein zellulärer Automat mit deterministischen Regeln, sondern ein komplexes stochastisches System ist, dessen Informationsverarbeitung vom ständigen Signalrauschen Milliarden feuernder Neuronen begleitet ist.

Literatur

Dayan, P. & **Abott,** L.F. (2001): Theoretical Neuroscience. Cambridge MA: MIT Press

Mainzer, Klaus (1997): Gehirn, Computer, Komplexität. Berlin: Springer

Mainzer, Klaus (2003): KI – Künstliche Intelligenz. Grundlagen intelligenter Systeme. Darmstadt: Wissenschaftliche Buchgesellschaft

Metzinger, Thomas (Hrsg.) (2000): Neural Correlates of Consciousness. Cambridge MA: MIT Press

Roth, Gerhard (1994): Das Gehirn und seine Wirklichkeit. Kognitive Neurobiologie und ihre philosophischen Konsequenzen. Frankfurt: Suhrkamp

Komplexität und Wirtschaft

Märkte und Unternehmen sind Beispiele für komplexe ökonomische Systeme, in denen Menschen in vielen ökonomischen Funktionen interagieren. In der Tradition des klassischen Liberalismus und analog zur klassischen Physik des 18. und 19. Jahrhunderts wurde häufig eine lineare Gleichgewichtsdynamik angenommen, nach der die freie Selbstorganisation ökonomischer Kräfte automatisch zum »Wohlstand der Nationen« führt. Im Zeitalter der Globalisierung liegt den Finanz- und Wirtschaftsmärkten tatsächlich eine Nicht-Gleichgewichtsdynamik zugrunde, deren Phasenübergänge mit Turbulenzen und Chaos, aber auch neuen Innovationsschüben verbunden sind. Attraktoren komplexer Dynamik entsprechen wieder Ordnungsparametern und Potenzgesetzen zwischen Zufall und starrer Regularität. Damit kann Komplexitätsforschung Signale erkennen, um sich rechtzeitig auf wirtschaftliche Umbrüche und Chancen vorzubereiten.

Gleichgewichtsökonomie nach Adam Smith

Adam Smith (1723-1790), der Vater der Marktwirtschaft, ging im 18. Jahrhundert nach dem Vorbild klassischer physikalischer Gleichgewichtsmodelle davon aus, dass sich Preise durch die Wechselwirkung von Angebot und Nachfrage »von selbst« im Gleichgewicht eines Marktpreises organisieren, wenn der Markt nicht von »äußeren Kräften« wie dem Staat gestört wird. Nach dieser Doktrin des klassischen Liberalismus stellt sich der »Wohlstand der Nationen« (*wealth of nations*) wie von selbst ein – gelenkt durch die »unsichtbare Hand« (*invisible hand*) des Markts im Gleichgewicht.

Merksatz

Smith ging vom Selbstorganisationsprozess eines komplexen Wirtschaftssystems aus, in dem Angebot und Nachfrage von Produkten zwischen Firmen und Konsumenten die wirtschaftliche Dynamik

bestimmen. Dazu postulierte er einen »natürlichen« Preis, der sich aus dem Arbeitswert eines Produkts ergibt. Wenn der Marktpreis größer als der natürliche Preis wird, ist die Profitrate hoch, so dass sich die Produktion ausweitet und damit zur Preissenkung führt. Die umgekehrte Bewegung tritt ein, wenn der Marktpreis kleiner als der natürliche Preis ist. Durch Gewinnchancen und Verlustrisiken steuert sich das Marktsystem selbst und strebt einem absoluten Gleichgewichtszustand von Angebot und Nachfrage zu.

Diese Selbstorganisation führt aber nicht zu einer Normalverteilung des Wohlstands nach dem Gesetz der großen Zahl. Die historische Entwicklung nach Adam Smith zeigt vielmehr, dass das freie Spiel der Wirtschaftskräfte keineswegs zum Wohlstand einer Gesellschaft führen muss, sondern – wie im 19. Jahrhundert – zu Massenverelendung und Proletarisierung.

Tatsächlich lassen sich ökonomische Systeme nicht mit der Selbstorganisation von Gasen nahe dem thermischen Gleichgewicht vergleichen, in dem Wirtschaftsagenten wie ununterscheidbare Moleküle in zufälliger Normalverteilung reagieren (vgl. Kap. 4). Der *homo oeconomicus*, der mit vollständiger Information über seine Umwelt nur seinen eigenen Nutzen maximiert und in diesem Sinn nur rational handelt, ist eine mathematische Fiktion linearer Gleichgewichtsdynamik.

Komplexität und Nicht-Gleichgewichtsökonomie

Als offenes System, das in ständigem Stoff-, Energie- und Informationsaustausch mit anderen Märkten und der Natur steht, kann Marktwirtschaft keinem Gleichgewichtszustand »natürlicher« Preise zustreben. Analog wie ein biologisches Ökosystem wird sie in ständiger Veränderung begriffen sein und empfindlich auf geringste Veränderungen der Randbedingungen reagieren. Zudem sind die Agenten eines Wirtschaftssystems lernfähige Menschen. Kurzfristige Schwankungen von Konsumentenpräferenzen, unflexibles Reagieren im Produktionsverhalten, aber auch Spekulationen auf Rohstoff- und Grundstücksmärkten liefern Beispiele für sensible Reaktionen im Wirtschaftssystem. Dass Fluktuationen im kleinen sich zu Wachstumsschüben im großen selbst organisieren können (z.B. technische Innovationen wie Webstuhl und Dampfmaschine in der industriellen Revolution), andererseits aber zu chaotischem und unkontrollierbarem Verhalten aufschaukeln können (z.B. Börsenkrach, Massenverelendung, Arbeitslosigkeit), ist eine historische Erfahrung der Jahrhunderte nach Adam Smith.

> Merksatz
>
> **Ein nichtlineares Modell zeigt, wie sich der Wettbewerb zwischen zwei konkurrierenden Produkten bei positiver Rückkopplung unter der Bedingung zunehmender Erträge durch zufällige Anfangsfluktuationen entscheidet. Formal konkurrieren zwei Ordnungsparameter an einem Instabilitätspunkt analog zum Bénard-Experiment, das in Kap. 4 erläutert wurde. Geringste Marktvorteile in der Anfangsphase (z.B. größere Marktanteile in einer Region, politische Kontakte, bessere »Beziehungen«) können sich im Lauf des Wettbewerbs aufschaukeln und zum Durchbruch eines Produkts führen.**

Dann wird sich z.B. eine Technologie immer leichter und deutlicher durchsetzen, ohne dass diese Entwicklung am Anfang vorausgesagt werden konnte. Selbst wenn ein technischer Standard wie z.B. ein Computerbetriebssystem nicht die beste Lösung unter fachlichem Gesichtspunkt war, gewinnt sie am Ende global. In Kapitel 4 hatten wir herausgestellt, wie Fluktuationen eines komplexen Systems in der Nähe eines Instabilitätspunktes zu verschiedenen Entwicklungsästen führen können. In Abb. 7 wurden solche spontanen Symmetriebrechungen durch die sich verzweigenden Äste eines Bifurkationsbaums illustriert.

Auch in der Evolution setzen sich nicht die »Besten« als Ergebnis eines Optimierungsverfahrens durch. Tatsächlich bleiben häufig nur diejenigen übrig, bei denen kleinste Anfangsvorteile durch günstige Umstände sich verstärken konnten. Dann allerdings gilt die Devise »*The winner takes all*«, und es sieht im nachhinein nur so aus, als wären die übrig gebliebenen Konkurrenten auch die besten. Tatsächlich hat häufig der Zufall unter günstigen Umständen entschieden. Wissenschaftshistorisch ist bemerkenswert, dass dieser Schmetterlingseffekt in der Wirtschaft bereits 1890 von Alfred Marshall erwähnt wurde. Marshall zeigte nämlich, wie ein Unternehmen, das frühzeitig einen hohen Marktanteil erreicht, seine Konkurrenten überflügeln kann, wenn die Produktionskosten mit zunehmenden Markanteilen fallen.

Das ist manchmal schmerzvoll, wenn sich nicht die beste Variante durchsetzt – ob in der Wirtschaft oder in der Politik, aber typisch für nichtlineare Dynamik. Wir sollten das wissen, um gleich am Anfang eines Wettbewerbs aufzupassen, kleinste Veränderungen der Umstände nicht zu unterschätzen und den Anfängen zu wehren. Wenn sich einmal das Produkt, der Konkurrent oder die gegnerische Partei durchgesetzt hat, ist es zu spät.

Gleichgewicht von Finanzmärkten nach Bachelier

Wir kommen nun zu einem dramatischen Anwendungsbeispiel von »Econophysics« im Zeitalter der Globalisierung – der Dynamik von Finanzmärkten, von der entscheidend und weltweit der Wohlstand der Nationen, von dem Adam Smith bereits sprach, abhängt. Die Finanzwelt ist ein komplexes System aus Millionen von Menschen, deren einzelne Reaktionen und Handlungen uns unmöglich alle bekannt sein können. Dennoch erzeugen ihre vielfältigen Wechselwirkungen Effekte, die wir messen und beobachten. So schlagen sich Veränderungen von Preisen, Börsen und Wechselkursen in Zeitreihen aus mehr oder weniger schwankenden Zickzack-Kurven nieder. In einer Kausalanalyse könnte man versuchen, die Kurse von Aktien und Anleihen durch Ursache und Wirkung wie in der Mechanik zu erklären: Etwas geschieht, darauf reagieren die Kurse aufgrund des Kaufverhaltens von Millionen von Börsianern, was wiederum Unternehmensentscheidungen beeinflusst, die auf politische Entscheidungen Einfluss nehmen, worauf die Kurse wieder reagieren etc. Im nachhinein kann im Einzelfall das verwickelte kausale Wechselspiel vielleicht mehr oder weniger zutreffend rekonstruiert werden. Der Einzelfall lässt sich aber nicht vorhersagen, da wir nicht alle Anfangs- und Nebenbedingungen kennen können.

Auch für Finanzmärkte liegt es nahe, das unbekannte Einzelverhalten von Millionen von Menschen mit den Molekülen einer Flüssigkeit zu vergleichen, für die wir zwar keine Einzelprognosen, aber dennoch statistische Trendaussagen abgeben können. Als der französische Mathematiker Louis Bachelier (1870-1946) diese Analogie 1900 in seiner Dissertation mit dem provozierenden Titel »Théorie de la Spéculation« vorschlug, war sie völlig ungewöhnlich und fand außer bei seinem Doktorvater, dem genialen Mathematiker, Physiker und Philosophen Henri Poincaré, wenig Anklang. Bachelier beschrieb die Auf- und Abwärtsbewegungen des Kurses einer Anleihe mathematisch wie eine Brownsche

Zufallsbewegung, bei der ein Pollenkorn auf einer Flüssigkeit durch viele molekulare Stöße vorwärts getrieben wird. Die Leistung von Bachelier ist umso bedeutsamer, da die Brownsche Bewegung in der Physik erst fünf Jahre später durch Einstein mathematisch beschrieben wurde. Einstein war Bacheliers Anwendung auf den Finanzmarkt nicht bekannt.

Bachelier erkannte, dass die Details auf der Mikroebene der Teilchen in der Materie oder der Individuen auf den Märkten zu kompliziert sind, um exakt ihre Bewegungen bei der Ausbreitung von Energie oder der Bandbreite der Kurse zu bestimmen. Auf der Makroebene lassen sich aber unter bestimmten Annahmen Gleichungen formulieren, die das statistische Gesamtverhalten des Systems beschreiben.

Wie beim fairen Münzwurf stellte Bachelier sich den Anleihemarkt als faires Spiel vor. Da in diesem Fall der Ausgang eines Münzwurfs immer vollständig unabhängig vom vorherigen Münzwurf ist (vgl. Kap. 2), wird auch jede Kursbewegung als unabhängig von der vorausgegangenen angenommen. Der Markt, so können wir anschaulich sagen, hat nach dieser Annahme kein Gedächtnis. Ferner nahm Bachelier an, dass die Kurse einem Gleichgewicht von Angebot und Nachfrage entsprechen.

Ohne neue Informationen, die den Kurs entscheidend in die eine oder andere Richtung treiben, wird der Markt im Durchschnitt um seinen Ausgangskurs schwanken. Die Kursänderungen bilden dann eine gleichförmige Zufallsverteilung. Zeichnet man nun die Änderungen der Anleihekurse über einem bestimmten Zeitraum auf, breiten sie sich in der Form der Gaußschen Glockenkurve aus (Abb. 15a). Die vielen kleinen Änderungen häufen sich im Zentrum der Glocke, die wenigen großen liegen am Rand.

Die Normalverteilung der Gaußschen Kurve ist ein für Theoretiker und Praktiker vertrautes statistische Verfahren, mit dem man zu rechnen gelernt hat. Der Zufall der Börsenbewegung schien nach Bachelier durch die Gaußsche Normalverteilung gebändigt.

Tatsächlich legten Bacheliers Ideen das Fundament für die moderne mathematische Finanztheorie, an der sich heute noch die Praktiker an Banken und Börsen weitgehend orientieren. Seine Annahme des fairen Spiels wurde zur These vom vollkommenen Markt weiterentwickelt. In diesem idealen Modell erfasst der Markt alle Informationen, die für die Kurse von Wertpapieren bedeutsam sind. Solche Informationen entstehen z.B. durch Lektüre von Kurstabellen, Analyse von Bilanzen oder Handeln aufgrund von Insiderinformationen.

Merksatz

Der Finanzmarkt ist nach der klassischen Finanztheorie ein faires Spiel, in dem sich optimistische Käufer und pessimistische Verkäufer die Waage halten. Die Kurse steigen oder fallen, um für Käufer wie Verkäufer ein neues Gleichgewicht zu erreichen. Dann wird die nächste Kursänderung wieder mit der gleichen Wahrscheinlichkeit nach oben oder nach unten gehen.

Der Kursverlauf, der einer Gaußschen Normalverteilung entspricht, verzeichnet meistens nur kleine zufällige Änderungen, die sich innerhalb einer Standardabweichung bewegen. Die entsprechende Zickzack-Kurve

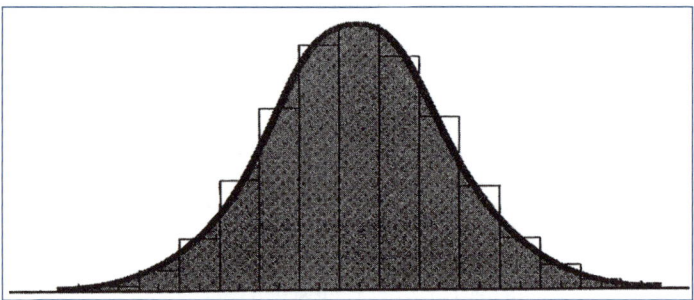

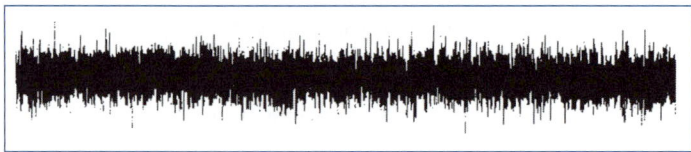

Abb. 15: Gleichgewichtsdynamik von Börsendaten mit Glockenkurve (a) und Normalverteilung der Kursänderungen (b) nach Bachelier

gleicht dem Profil eines gepflegten Rasens mit Grashalmen, die im wesentlichen eine Standardhöhe nicht überschreiten und untereinander gleichmäßig verteilte kleinere zufällige Abweichungen besitzen (Abb. 15b). Man spricht deshalb auch von einem »milden« Zufallsrauschen, das den Börsen- und Finanzmärkten zugrunde liegt. Das hat etwas Beruhigendes an sich und vermittelt den Eindruck der Berechenbarkeit. Jedenfalls glaubte man, sich auf diese Art von Zufall, der vom vertrauten Gesetz der großen Zahl regiert wird, einrichten zu können.

Komplexe Finanzmärkte, Turbulenz und Potenzgesetze

Bereits der berüchtigte Schwarze Freitag von 1929 mit seinen dramatischen Kurszusammenbrüchen war ein extremer Ausreißer aus der gemäßigten Normalverteilung der Zufallsänderungen. Am 19. Oktober 1987 stürzte der Dow Jones um fast 30% ab. Investmentsportfolios brachen ein, und die auf Optionen beruhenden Portfolioversicherungen versagten. Durch ihre hektischen und überhasteten Reaktionen verschlimmerten Fondmanager noch den Crash. In den 1990er Jahren nahmen die Marktturbulenzen weiter zu. Auf den Finanzmärkten toben also manchmal Turbulenzen wie bei extremen Wetterlagen. Der milde Zufall ist eine Illusion des Bachelierschen Modells und der darauf aufbauenden Finanztheorie. Die Finanzwelt ist rau, gefährlich und unberechenbar wie das Wetter des Pazifik mit seinen Taifunen (Abb. 16). Der Zufall ist dann nicht mild, sondern wild.

Die Wirklichkeit der Finanzmärkte zeigt manchmal wilde Turbulenzen mit abruptem Wechsel und Diskontinuitäten, die dann wieder verschwinden. Der polnische Mathematiker Benoit B. Mandelbrot hat sie mit der biblischen Sintflut verglichen, die plötzlich mit zerstörerischer Gewalt über die Menschheit einbrach und nach einiger Zeit wieder zurück ging. In der Bibel wird Noah als der weise und gottesfürchtige Mann gepriesen, der sich aufgrund eines göttlichen Rats auf die Katastrophe vorbereitete und mit seiner sprichwörtlichen Arche den Wassereinbruch überlebte. Mandelbrot spricht daher vom Noah-Effekt der Finanzmärkte. In der Finanzwelt sollte der richtige Rat von richtigen Vorwarnsystemen kommen, die ähnlich wie bei Wettervorhersagen auf den wilden Zufall vorbereiten. Stattdessen wiegen sich aber viele Börsianer wie die untergegangenen Zeitgenossen Noahs in der trügerischen Hoffnung eines milden Zufallsrauschens, wonach alles nicht so schlimm werden kann.

a)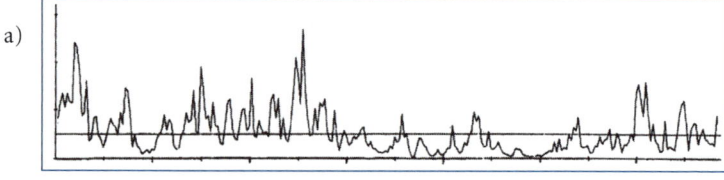

b)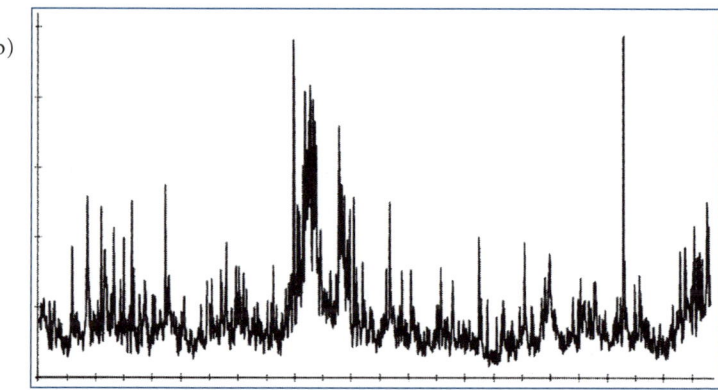

Abb. 16: Turbulente Dynamik eines Sturms (a) und eines Finanzmarkts (b)

Auf Handelsmärkten wurden wilde Sprünge erstmals bei den Änderungen von Baumwollpreisen beobachtet. In manchen Jahren waren die Kurse stabil, in anderen wild, ohne dass dafür vernünftige ökonomische Gründe angegeben werden konnten.

Merksatz

Wilde Ausreißer von Kursentwicklungen (Noah-Effekt) widersprechen der Hypothese von Bachelier, wonach Kurse sich ändern sollten, als wären sie durch Münzwürfe ermittelt worden. Die Auf- und Abwärtssprünge folgen dann vielmehr der Verteilung eines Potenzgesetzes. Sie zeigen also die Komplexität von rosa Signalrauschen (Abb. 6).

In der Ökonomie wurde ein Potenzgesetz erstmals von Vilfredo Pareto (1848-1923) eingeführt. Er nahm eine Verteilungsfunktion $y \sim x^{-v}$ des Wohlstands einer Gesellschaft an, wobei y die Anzahl der Menschen mit

Einkommen x oder größer als x ist und v ein Exponent, den er bei 1,5 einschätzte. Paretos Einkommenskurve sollte zeigen, wie sich Reichtum in jeder menschlichen Gesellschaft in einem beliebigen Zeitalter und einem beliebigen Land verteilt. Sie wurde Anfang des 20. Jahrhunderts in verschiedenen Gesellschaften und Orten empirisch ermittelt und zeigte überall überraschende Gemeinsamkeiten. Pareto fasste sie deshalb als universales Gesetz auf.

Kurven von Zufallsverteilungen besitzen nicht nur abrupte Diskontinuitäten, die ebenso plötzlich wie sie auftreten auch wieder verschwinden. Manchmal zeigen sich auch begrenzt zusammenhängende Muster wie Inseln der Ordnung in einem Meer des Zufallsrauschens. Es scheint, als seien sie ein Echo auf ein Ereignis, dessen Nachwirkung aber nach einiger Zeit nachlässt, um wieder dem Zufallsrauschen zu weichen. Aus der Chaostheorie ist der Schmetterlingseffekt bekannt, wonach kleinste Veränderungen von Anfangsdaten schließlich zu völlig veränderten Ereignisabläufen führen. Beim Signalrauschen zeigen zusammenhängende Muster, dass die betreffenden nachfolgenden Ereignisse nicht mehr unabhängig, sondern korreliert sind.

Merksatz

> **Finanzmärkte zeigen auch Nachwirkungen und Erinnerungen an vergangene Ereignisse. Damit widersprechen sie der Bachelierschen Annahme der Unabhängigkeit nachfolgender Finanzereignisse wie z.B. Kursänderungen. Die dabei auftretenden Korrelationen von Ereignissen entsprechen dem Komplexitätsgrad des roten und schwarzen Signalrauschens (Abb. 6).**

Der Grund für das »Gedächtnis« von Kursentwicklungen sind wir Menschen: Finanzmärkte bestehen nämlich nicht nur aus Preisen, Kursen oder Währungen, sondern vor allem aus Menschen mit Emotionen und Erinnerungen. Der Schwarze Freitag der New Yorker Kurseinbrüche von 1929 mit seinen verheerenden Folgen einer Weltwirtschaftskrise war vielen Verantwortlichen noch lange Zeit so im Gedächtnis wie die furchtbaren Weltkriege in der ersten Hälfte des 20. Jahrhunderts. Damit war bei diesen Generationen quasi ein Hemmschwelle für wilde Finanzspekulationen und globale Kriege aufgerichtet. In der Finanzwelt war die Hemmschwelle für globale Konflikte nicht so nachhaltig wie in der Politik des Kalten Krieges. Es wundert nicht, dass eine neue Generation davon unbefangener Finanzspekulanten einen Crash wie 1987 auslösten.

Das ist sicher nicht der alleinige Grund, aber ein wesentlicher. Jedenfalls zeigt er, dass die Annahme in der Tradition von Bachelier, wonach an den Märkten nur die Nachricht von heute und die Erwartung auf morgen zählt, nicht der Wirklichkeit entspricht.

Zyklen von zusammenhängenden Ereignissen können also das Normalverhalten unterbrechen. Auch diese Abweichung vom zahmen Zufallsrauschen hat Mandelbrot durch ein biblisches Ereignis beschrieben. Gemeint ist die Geschichte von Joseph, der einen folgenschweren Traum des Pharaos deutete. In diesem Traum weiden sieben fette Kühe auf den Wiesen, worauf sieben magere Kühe aus dem Nil steigen und sie auffressen. Auf sieben Jahre des Wohlstands, so deutet Joseph den Traum, würden sieben Jahre des Hungers folgen. Mandelbrot spricht daher vom Joseph-Effekt. Wer, so können wir heute hinzufügen, die zusammenhängen Zyklen in der Wirtschaft rechtzeitig erkennt, kann sich darauf einrichten. Wer in der Tradition von Bachelier nur an das Heute und Morgen denkt, geht in der Krise unvorbereitet unter.

Um Verteilungen mit zusammenhängenden Ereignissen auf Finanzmärkten zu beschreiben, lässt sich erneut ein Potenzgesetz angeben. Wie

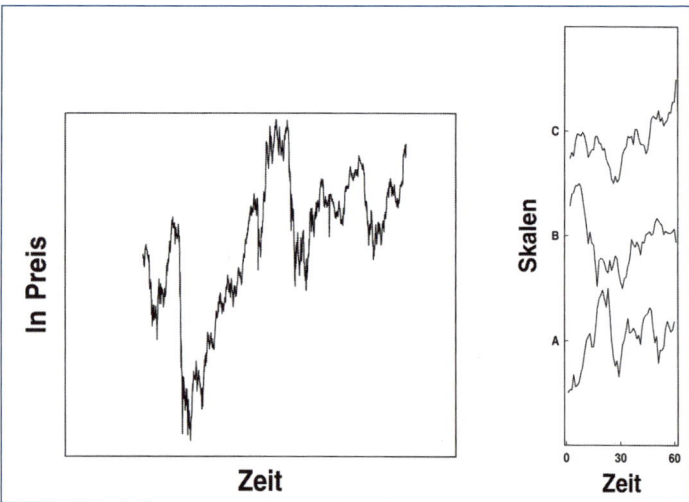

Abb. 17: Selbstähnlichkeit, Skaleninvarianz und Fraktalität von Börsendaten: Tägliche Schlusskurse des DAX vom 3. November 1986 bis 4. August 1993 (a); Zeitreihen über 60 Tage mit täglichen Preisen, 60 Wochen mit wöchentlichen Preisen und 60 Monate mit monatlichen Preisen (b)

in Kap. 4 gezeigt wurde, sind nämlich Potenzgesetze skaleninvariant, d.h. sie zeigen selbstähnliches Verhalten unabhängig vom gewählten Maßstab der Messdaten. Tatsächlich können selbst Börsenexperten bei den Zickzack-Kurven von DAX (Deutscher Aktienindex)-Entwicklungen nicht entscheiden, ob es sich um tägliche, wöchentliche oder monatliche Zeitreihen handelt. Sie besitzen statistische Selbstähnlichkeit. Abb. 17a zeigt die natürlichen Logarithmen der täglichen Schlusskurse des DAX über mehrere Jahre. Abb. 17b zeigt Zeitreihen mit täglichen, wöchentlichen und monatlichen Preisen.

Betrachten wir dazu die Renditen von Aktienpreisen auf verschiedenen Zeitskalen.

Vertiefung

Skaleninvarianz aufgrund statistischer Selbstähnlichkeit der Renditezeitreihen bedeutet, dass die Renditen Y_k auf einer bestimmten Beobachtungsskala von k Tagen die gleiche Verteilung haben wie auf einer anderen Skala. Für die mittleren Beträge $\underline{Y}_k$ der Renditen auf einer Beobachtungsskala von k Tagen ergibt sich das Potenzgesetz $\underline{Y}_k \sim k^H$. Der Exponent H im Intervall $0 \le H \le 1$ wird Hurst-Exponent genannt und bestimmt Komplexitätsgrade von Preisfluktuationen.

Der Hurst-Exponent ist nach dem Hydrologen Harold E. Hurst benannt, der die jährlichen Pegelschwankungen des Nils mit einem Potenzgesetz aufgrund von Langzeitaufzeichnungen erklärte. Bei einem Aktienpreisprozess mit unabhängigen, identisch verteilten Zuwächsen wie bei einer Gaußschen Normalverteilung im Sinn von Bachelier ergibt sich (nach dem zentralen Grenzwertsatz) $H = 1/2$. Physikalisch ist das auch die Verteilung unabhängiger Ereignisse, die wir von den Zufallswegen der Brownschen Bewegung oder dem fairen Münzwurf kennen (Abb. 18b). Falls H größer als 1/2 ist, zeigt der Kurvenverlauf langfristige Korrelationen, also das »Echo« bzw. »Gedächtnis« des Joseph-Effekts (Abb. 18c). Falls H kleiner als 1/2 ist, kommt es zu abrupten Schwankungen wie beim Noah-Effekt (Abb. 18a).

Die klassische Hypothese von Bachelier eines uniformen Finanzmarkts ist also dringend reformbedürftig, um die Komplexität von tatsächlichen Verhaltensweisen zu erfassen. Unterschiedliche Komplexitätsgrade von Korrelationen in Prozessen werden dabei eine Schlüsselrolle einnehmen.

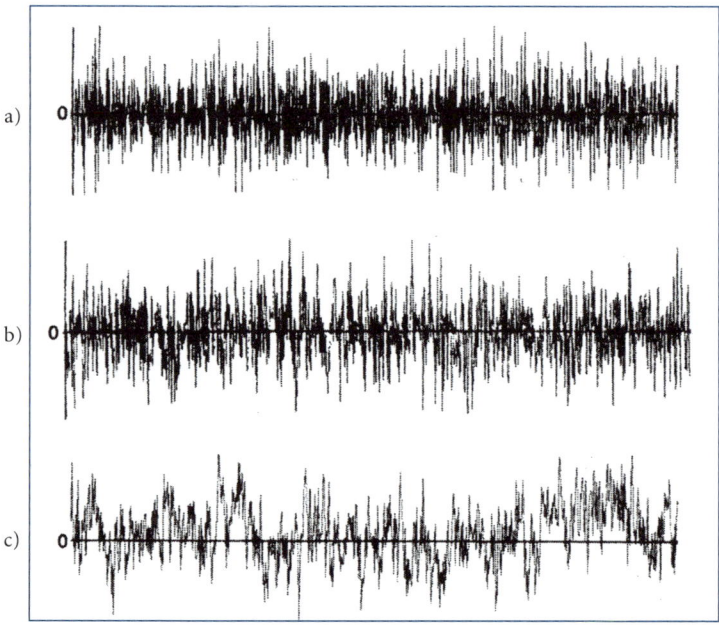

Abb. 18: Komplexitätsgrade von langfristigen Korrelationen mit $H > 1/2$ («Joseph-Effekt")
(c), unabhängigen Fluktuationen mit $H = 1/2$ (»Bachelier«)(b) und abrupten, kurz-
fristigen Schwankungen mit $H < 1/2$ (»Noah-Effekt«) (a)

Literatur

Arthur, W. Brian, **Durlauf,** Steven N. **& Lane,** David A. (Hrsg.)(1997): The Eco-
nomy as an Evolving Complex System II. Proceedings Volume of the Santa Fé
Institute. Bd. XXVII. Reading Mass.

Lorenz, Hans-W. (1989): Nonlinear Dynamical Economics and Chaotic Motion.
Berlin: Springer

Mainzer, Klaus (2007): Der kreative Zufall. Wie das Neue in die Welt kommt.
München: C.H. Beck

Mandelbrot, Benoit B., **Hudson,** Richard L. (2004): The (mis)Behavior of Markets. A Fractal View of Risk, Ruin, and Reward. New York: Basic Books

Mantegna, Rosario N., **Stanley,** H. Eugene (2000): An Introduction to Econophysics. Correlations and Complexity in Finance. Cambridge: Cambridge University Press

Literatur

McCauley, Joseph L. (2004): Dynamics of Markets. Econophysics and Finance. Cambridge: Cambridge University Press

Weidlich, Wolfgang (2002): Sociodynamics. A Systematic Approach to Mathematical Modelling in the Social Sciences. London. Taylor & Francis

8

Komplexität und Gesellschaft

Im Zeitalter der Globalisierung ist die menschliche Gesellschaft durch hohe Komplexität und Strukturierung ihrer Teilsysteme bestimmt. Obwohl die Soziodynamik der Gesellschaft aus der Populationsdynamik der biologischen Evolution entstand, ist ihre soziale Selbstorganisation von der genetischen Selbstorganisation der Organismen (Kap. 5) und der neuronalen Selbstorganisation der Gehirne (Kap. 6) zu unterscheiden. Gleichwohl ist auch die Soziodynamik ein Beispiel für Nicht-Gleichgewichtsdynamik, deren Phasenübergänge mit Turbulenzen und Chaos, aber auch neuen Innovationsschüben verbunden sind. Attraktoren komplexer Dynamik entsprechen wieder Ordnungsparametern und Potenzgesetzen zwischen Zufall und starrer Regularität. Damit kann Komplexitätsforschung Signale erkennen, um sich rechtzeitig auf gesellschaftliche Umbrüche und Chancen vorzubereiten. In der virtuellen Realität des Internets zeichnet sich eine virtuelle Schattengesellschaft mit virtueller Selbstorganisation ab, die der physischen Realität an Komplexität in Nichts nachsteht.

Komplexität und Populationsdynamik

In der Evolution sind Organismen nicht allein, sondern organisieren sich in komplexen Populationen. Die Soziobiologie untersucht Tierpopulationen, die ihre komplexen Transport-, Signal- und Kommunikationssysteme durch kollektive Schwarmintelligenz organisieren. Ein Beispiel ist das Straßennetz einer Ameisenpopulation zu ihrem Nest oder einem Futterplatz. Diese Orte und Strukturen sind dann die Attraktoren der Population, zu denen man auf verschiedenen Verzweigungswegen gelangen kann. Es gibt keinen kommandierenden Ameisengeneral, der den gesamten Aufmarschplan im Kopf hat. Die einzelnen Tiere reagieren nur lokal nach endlich vielen und genetisch festgelegten Möglichkeiten auf chemische Signale der Populationsmitglieder. Erst ihre Wechselwirkung erschafft eine kollektive Intelligenz, die mehr kann, als das einzelne Tier.

Definition

Schwarmintelligenz ist die kollektive Intelligenz einer Population (z.B. Insekten), die mehr leisten kann als das einzelne Individuum. Als makroskopisches Phänomen entspricht sie Ordnungsparametern dieses Systems. Das Gesamtsystem organisiert sich danach selbst durch lokale (z.B. chemische oder akustische) Signale zwischen Tausenden von Tieren.

So bedarf die sich selbst organisierende Schwarmintelligenz von Termiten keines kollektiven planenden Bewusstseins, sondern nur einfacher chemischer Verhaltensregeln vieler einzelner Tiere, um kunstvolle Termitentürme zu bauen. Auch Menschen errichten komplexe Bauwerke in vielen einfachen Konstruktionsschritten, bei denen der einzelne Arbeiter das Gesamtwerk nicht überschaut. Allerdings wurde der Gesamtplan in diesem Fall von einem planenden Bewusstsein entworfen und entstammt nicht einem genetischen Programm der Evolution.

Das Zusammenleben von großen Schwärmen (z.B. Fische, Vögel) bedarf keines Anführers und keiner Hierarchie, sondern interaktiver Netzwerke der Kommunikation. Kein Mitglied der Gruppe hat Überblick über das Ganze, sondern folgt einfachen Regeln der Interaktion. Zusammen erzeugen sie reaktionsschnelle und äußerst effektive kollektive Verhaltensformen, die ihrerseits das Verhalten des einzelnen Tieres beeinflussen – die Urform sozialer Selbstorganisation.

Merksatz

Allgemein dienen Organisationen der Reduktion von Unordnung, Zerfall und Entropie. Sie müssen unterschiedlichen Organismen und Lebensbedingungen angepasst sein. Höher entwickelte Tierarten der Säugetiere haben dazu regelrechte Managementmodelle der Problembewältigung entwickelt.

So bedürfen Wölfe einer straffen und quasi-militärischen Verbandsführung, bei deren Kommunikation die Körpersprache eine wesentliche Rolle spielt. Raubkatzen organisieren sich demgegenüber in arbeitsteiligen Familienunternehmen, die sich z.B. der gemeinsamen Jagd und der Erziehung der Jungtiere widmen.

Komplexität und Soziodynamik

Die Dynamik menschlicher Populationen wurde Ende des 18. Jahrhunderts erstmals mathematisch untersucht. 1798 wies der Pfarrer Thomas R. Malthus auf das exponentielle Wachstum der Bevölkerung im Zeitalter der Industrialisierung hin. Wenn nämlich die Bevölkerung von Generation zu Generation in einem konstanten Verhältnis wächst, ergibt sich die elementare Differentialgleichung $dN(t)/dt = kN(t)$ mit der Populationsgröße $N(t)$ zur Zeit t und der konstanten Wachstumsrate k. Die Lösung dieser Wachstumsgleichung ist die Gleichung $N(t) = N(0)$ $\exp(kt)$ mit der Populationsgröße $N(0)$ zur Anfangszeit 0 und der Exponentialfunktion $\exp(kt)$ mit unbegrenztem Wachstum.

Verhulst wies dann später darauf hin, dass wegen beschränkter Ressourcen und einschränkender Umweltbedingungen das Wachstum keineswegs unbegrenzt ist (vgl. Kap. 4). Er schlug eine Gleichung $dN(t)/dt = kN(t)[1 - N(t) / M]$ vor, nach der das Wachstum aufgrund einer Rückkopplung mit der Umweltkapazität auf einem Niveau M endet. Die Lösung dieser Verhulst-Gleichung ist die bekannte S-förmige logistische Kurve $N(t) = MN(0) / [N(0) + (M - N(0)) \exp(-kt)]$. Beide Kurven stimmen zunächst überein, weichen dann aber langfristig voneinander ab (Abb. 19). Während die Kurve von Malthus unbegrenzt weiterwächst, biegt die Verhulst-Kurve auf ein Plateau ab. Daher wurde die Gleichung von Malthus als fundamentales Wachstumsgesetz ohne begrenzenden Einfluss verstanden. Die Abweichung in der logistischen Kurve wurde auf den Einfuß einer »sozialen Kraft« zurückgeführt. Das erinnerte an Newtons Kraftgesetz in seiner Mechanik, wonach Kraft in der Abweichung (»Ableitung«) von einem konstanten Impuls zum Ausdruck kommt, mit dem sich ein Körper sonst ungestört gleichförmig gradlinig bewegen würde.

In Analogie zu Newtons Mechanikgesetze schlugen D. de Sola Price (1963) und E.W. Montroll (1978) drei »Gesetze der Soziologie« vor. Newtons erstes Mechanikgesetz besagt, dass ein Körper sich solange geradlinig gleichförmig bewegt, solange keine äußere Kraft auf ihn einwirkt. Analog postuliert das erste Gesetz der Soziodynamik, dass ohne den Einfluss einer sozialen, ökonomischen oder ökologischen Kraft die Veränderungsrate (des Logarithmus) einer Population $N(t)$ konstant ist, d.h. $d/dt \log N(t) =$ konstant. Im zweiten Teil dieses Gesetzes wird gefordert, dass unter der gleichen Bedingung die Wachstumsrate (des Logarithmus) des Preises bzw. Aufwands $P(t)$ zur Erhaltung eines Populationsmitglieds ebenfalls konstant ist, d.h. $d/dt \log P(t) =$ konstant. Für z.B. Produktionsobjekte sind $P(t)$ die Einheitskosten. Offenbar ist der erste

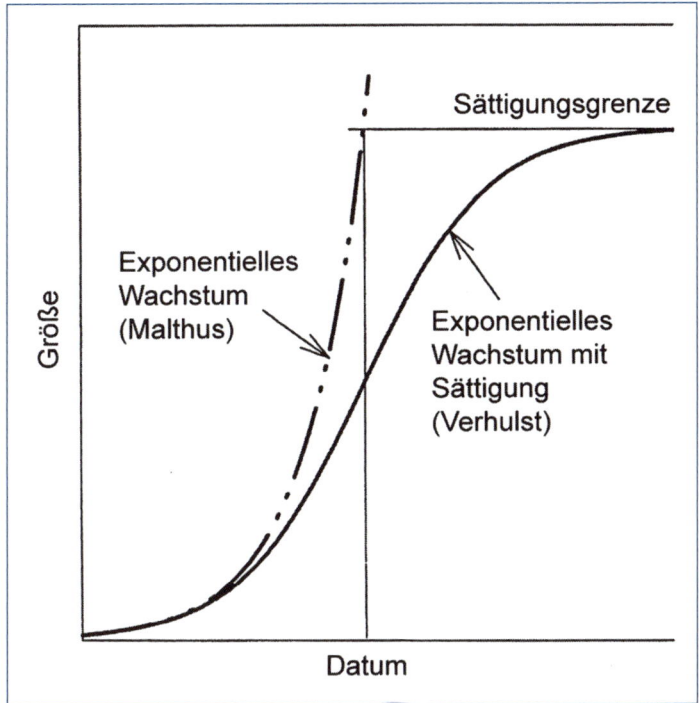

Abb. 19: Malthus- und Verhulst-Kurve als Grundgesetze der Soziodynamik

Teil dieses Gesetzes das Gesetz von Malthus, während der zweite Teil zum Ausdruck bringt, dass Dinge immer teurer werden.

Newton definierte eine physikalische Kraft in seinem zweiten Mechanikgesetz als Ursache einer Abweichung vom ersten Gesetz, wonach sich ein Körper ungestört gleichförmig und geradlinig bewegt. Beide Teile des ersten sozialen Gesetzes wären demnach durch eine soziale, ökonomische oder ökologische Kraft verletzt. Das Maß dieser Kraft ist durch den beobachteten Weg der Abweichung gegeben. Das dritte Gesetz der Soziodynamik postuliert die Evolution eines dynamischen Systems als Ergebnis einer Folge von Ersetzungen. Der Begriff der Evolution wird dabei breiter als die biologische Evolution verstanden, um auch zeitliche Änderungen in sozialen Systemen zu erfassen, ebenso Änderungen von ökonomischen Produkten in nachfolgenden Generationen oder Verbesserungen der

Transportarten im Laufe der Jahre. In der Biologie bezieht sich z.B. eine Evolutionsphase auf Mutationen, in der Computertechnologie auf die letzte Chipinnovation oder im Transportwesen auf die Ersetzung von Kutsche durch Zug und Automobil und schließlich Flugzeug.

Für Newton hatten diese Gesetze den Status von wahren Axiomen und ersten Prinzipien der Natur. Später wurden sie grundlegende Prinzipien für viele Teiltheorien der klassischen Physik. Die drei Gesetze der Populationsdynamik sind zwar Potenzgesetze und enthalten bei Veränderung der Wachstumsrate eine komplexe Vielfalt von Entwicklungsmustern (Abb. 8). Im bisherigen Ansatz fehlt allerdings eine Erklärung der Selbstorganisation von komplexen sozialen Gruppen, Institutionen und Gesellschaften. Dazu muss auf das Verhältnis von Mikro- und Makrosoziologie näher eingegangen werden.

Mit Blick auf die Kulturgeschichte ist es naheliegend, die Entwicklung menschlicher Gesellschaften als Dynamik komplexer Systeme zu verstehen. Jäger-, Bauern- und Industriegesellschaften breiten sich wie Wetterfronten auf geographischen Karten aus. Schon bei der Industrialisierung des 19. Jahrhunderts bilden Straßen- und Eisenbahnnetze das Nervensystem der sich ausbreitenden Nationalstaaten. In Computermodellen lässt sich die Dynamik von Stadtentwicklungen studieren. Wir beginnen mit einer nahezu gleichmäßig bewohnten Region. Sie wird auf einem schachbrettartigen Netz von Orten simuliert, an denen die sich verändernden Bevölkerungskonzentrationen im Laufe der Zeit dargestellt sind. Die Orte sind durch Funktionen verbunden, in denen ihre industrielle Kapazität, Verkehrsverbindungen, aber auch ihr Freizeit- und Erholungswert zum Ausdruck kommen. Eine Populationsgleichung modellierte die nichtlineare Dynamik der Besiedlung, die sich in neuen Stadtzentren, Industriegebieten, Ballungszonen, Veränderungen des Verkehrsnetzes zeigte. Solche Siedlungsmuster entsprechen makroskopischen Ordnungen, die durch Ordnungsparameter charakterisierbar sind. Allgemein gilt:

Definition

Soziodynamik bezieht sich auf die Selbstorganisation komplexer sozialer Systeme. Danach führen auf der Mikroebene die Wechselwirkungen von Individuen wie z.B. Bürger einer Gesellschaft oder Mitarbeiter eines Unternehmens zu kollektiven Ordnungen (z.B. Hierarchien, Institutionen, Organisationen) auf der Makroebene, die durch Ordnungsparameter charakterisierbar sind. Darunter können z.B. soziale und rechtliche Verhaltensnormen verstanden werden. Sie wirken wiederum auf das Verhalten des Einzelnen zurück (Abb. 20).

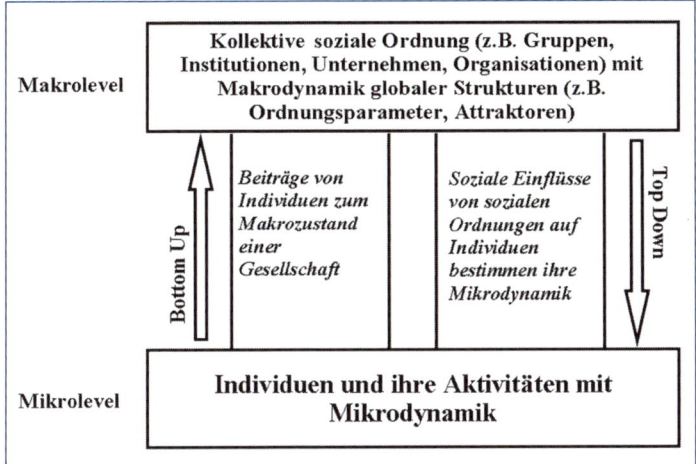

Abb. 20: Selbstorganisation in komplexen sozialen Systemen

Nun wird man einwenden, dass wir keine Atome, Moleküle oder Zellen sind, sondern bewusst handelnde Menschen. Voraussetzung dazu ist das komplexe System unseres Gehirns (vgl. Kap. 6). Tatsächlich gibt es Überlegungen, die Soziodynamik auf die Gehirndynamik der vielen Mitglieder einer Gesellschaft zurückzuführen. Anstelle der gekoppelten Gleichungen für wechselwirkende Moleküle müssten nun die gekoppelten Gleichungen der vielen wechselwirkenden Gehirne berücksichtigt werden. Abgesehen davon, dass solche Gleichungen der Gehirndynamik nicht bekannt sind, würde es sich in einer Gesellschaft um kaum lösbare Mehrkörperprobleme nichtlinearer Dynamik handeln.

Dennoch fallen uns sofort Analogien der Soziodynamik mit der bisher betrachteten nichtlinearen Dynamik komplexer Systeme auf. Dazu betrachten wir eine Diskussionsrunde in einem Auditorium. Anfangs werden viele Einzelmeinungen ausgetauscht. Schließlich entstehen Gruppierungen von ähnlichen Meinungen, die sich in Clustern »attraktiver« (d.h. anziehender) Positionen verdichten. Offenbar finden dabei »Phasenübergänge« zu Positionen von Meinungsbildern statt.

Dieses Modell der Meinungsbildung lässt sich leicht auf eine Gesellschaft während eines Wahlkampfs übertragen. In diesem Fall sind die politischen Parteien Attraktoren, die Wählerstimmen anziehen oder abstoßen. Ihre politischen Programme lassen sich als Ordnungsparameter verstehen, die miteinander im Wettkampf stehen. An Instabilitäts- und Verzweigungspunkten der Wahlentscheidung setzt sich dann die eine oder andere Partei oder Parteiengruppierung (je nach den »Randbedingungen« des politischen Systems) durch. Häufig haben auch Zufallsereignisse oder zunächst als unwichtig angesehene Probleme sich aufgeschaukelt und am Stichtag der Wahl zu überraschenden Ergebnissen geführt. Am Ende heißt es dann: *The winner takes all* – oder einfach: Mehrheit ist Mehrheit.

Die Dynamik der makroskopischen Wahltrends lässt sich durchaus mathematisieren, ohne dass wir dazu das Verhalten jedes einzelnen Bürgers wie die Bewegungsgleichungen einzelner Moleküle auf der Mikroebene kennen müssten. Bekannt sind die statistischen Methoden des Politbarometers oder der Demoskopie. Statistische Verteilungsfunktionen von Meinungen werden durch repräsentative Stichproben gewonnen. Ihre zeitliche Entwicklung beschreibt die Dynamik des komplexen Systems politischer Meinungen. Zur Überraschung vieler Laien ist es wenige Minuten nach Verkündung eines Wahlergebnisses möglich, mit großer Genauigkeit die Wählerströme von z.b. Berufs- oder Altersgruppen in bestimmten Städten oder Regionen anzugeben, ohne dass dazu die einzelnen Wähler bekannt sind.

Vertiefung
_____

Die Mikrozustände eines sozialen Systems (z.B. Organisation, Unternehmen, Stadt) werden durch Soziokonfigurationen bestimmt, in denen die Merkmale und Eigenschaften eines sozialen Systems zu einem bestimmten Zeitpunkt festgehalten werden (z.B. Berufsgruppen, Einkommensgruppen, Geschlecht, Meinungsgruppen in einem Stadtbezirk). Statistische Verteilungsfunktionen solcher Soziokonfigurationen beschreiben den Makrozustand des gesamten Systems, der sich in der Zeit entwickelt und in Phasenübergängen an kritischen Instabilitätspunkten verändert. Diese Soziodynamik wird durch stochastische Gleichungen (z.B. Mastergleichungen) beschrieben.

Bevor wir uns aber mit mathematischen Modellen der Soziodynamik beschäftigen, sei ein weiteres anschauliches und suggestives Beispiel erwähnt. Eine Fußballmannschaft ist ein komplexes dynamisches System von Spielern, die durch Funktionen (z.B. Stürmer, Verteidiger) und Konfigurationen (z.B. Spielaufstellung) unterschieden sind. Sie erzeugen kollektive Verhaltensmuster, die sich an Ordnungsparametern orientieren. So sind erfolgreiche Teams hochgradig korreliert (d.h. anschaulich gesprochen aufeinander eingestellt bzw. »eingespielt«), motiviert und sich ihres kollektiven Könnens und Ziels bewusst. Ein Trainer kann diesen gemeinsamen »Teamgeist« inspirieren, aber nicht von außen diktieren. Er ist daher ein emergentes kollektives Phänomen, zu dem ein guter Coach die geeigneten Nebenbedingungen setzten kann, damit er sich von selbst entwickelt – nicht mehr und nicht weniger. Ein gutes Spiel lässt sich nicht im Sinne des Laplaceschen Geistes programmieren.

Die nichtlineare Dynamik eines Fußballspiels mit ihren komplexen Wechselwirkungen der einzelnen Spieler ist durch Phasenübergänge zwischen Spielsituationen bestimmt, die vom stabilen Gleichgewicht über Oszillationen bis zu Chaos reichen, also Attraktoren darstellen. In chaotischen Situationen ist das System hochempfindlich gegen kleinste Zufälle, die sich zu entscheidenden Ereignissen (»Tore«) aufschaukeln können. Bei gleichstarken Mannschaften folgt einem Angriff einer Mannschaft der Gegenangriff der anderen Mannschaft: Das System oszilliert. In einer instabilen Spielphase sieht man förmlich, wie ein kollektiver Druck vor einem gegnerischen Tor entsteht. Ob in dieser instabilen Situation tatsächlich ein Tor fällt, ist häufig nur das Resultat blitzschneller reflexartiger Reaktionen von Spielern, d.h. unbewusster Fluktuationen an einem Instabilitätspunkt der Spieldynamik. Dann kann sich aber schlagartig die Situation verändern, da die »Moral« der gegnerischen Mannschaft zusammenbricht: Die Spieler verhalten sich unkorreliert, unmotiviert und chaotisch. Ein Phasenübergang zu Chaos hat stattgefunden.

> **Merksatz**
>
> Allgemein lässt sich von Phasenübergängen in Organisationen ausgehen, die sich wieder in Bifurkationsbäumen (Abb. 7) darstellen lassen. Alte Ordnungen werden instabil durch veränderte Randbedingungen (Kontrollparameter), brechen in der Nähe von Instabilitätspunkten zusammen, und neue Entwicklungszweige mit anderen Konstellationen werden möglich.

Dieses Schema lässt sich auch auf historische Prozesse anwenden. Die historische Phase nach dem Ersten Weltkrieg war in einigen westlichen Gesellschaften von Instabilitätspunkten mit heftigen politischen, sozialen und wirtschaftlichen Fluktuationen bestimmt. Mehr oder weniger zufällig wurden dabei Figuren und Minderheiten nach oben gespült, die sich aus geringen Anfangsvorteilen unter den gegeben Umständen zu Machtclustern aufschaukelten wie die Strömungsmuster in einem turbulenten Fluss. Im Sinn der nichtlinearen Dynamik komplexer Systeme wurden sie zu »Ordnungsparametern«, die einerseits durch die turbulenten Wechselwirkungen in der Nähe eines gesellschaftlichen Instabilitätspunktes erzeugt wurden, andererseits aber dominierend auf die Gesellschaft zurückwirkten und schließlich diktatorisch ihre Dynamik »versklavten«. Auch die russische Oktoberrevolution zeigt dieses Bild von heftigen Fluktuationen an einem Instabilitätspunkt der Gesellschaft, an dem eine Minderheit (»Bolschewiki«) von den Umständen begünstigt an die Macht gebracht wurde, um dann buchstäblich eine »Diktatur des Proletariats« zu errichten.

In diesen beiden historischen Beispielen wurden Begriffe der Theorie komplexer Systeme und nichtlinearen Dynamik nur als Analogien und Metaphern verwendet. Ziel ist eine empirisch und theoretisch fundierte Anwendung auf gesellschaftliche Phasenübergänge, um die Instabilitätspunkte, Verzweigungen und Trends gesellschaftlicher Entwicklungen im Meer von Fluktuationen rechtzeitig aufzuspüren.

> **Merksatz**
>
> **Um Trends und Attraktoren zukünftiger Entwicklungen in komplexen Systemen zu erkennen, wird allgemein die Mikrodynamik der Systemelemente von der Makrodynamik des Gesamtsystems unterschieden. Hier setzt das Modellierungskonzept der Soziodynamik (*sociodynamics*) an. Neuerdings werden dafür auch die Bezeichnungen »Soziophysik« (*sociophysics*) und »Econophysik« (englisch *econophysics* aus *economics* und *physics*) verwendet.**

Econophysics ist jedoch missverständlich, da mit dieser Bezeichnung ein sozialwissenschaftlich Physikalismus suggeriert wird, wonach soziale Prozesse wie in der »Soziophysik« des 19. Jahrhunderts auf Gesetze der Physik zurückgeführt würden. Tatsächlich handelt es sich um den mathematischen Formalismus komplexer dynamischer Systeme, der unabhängig von physikalischen Größen und Konstanten ist und durch geeignete sozialwissenschaftliche Zustandsgrößen interpretiert wird.

Methodisch wird dazu die Mikroebene individueller Entscheidungen einzelner Menschen von der Makroebene kollektiver Prozesse unterschieden. Es besteht nur eine formale Analogie mit der Thermodynamik (vgl. Kap. 4), da auch probabilistische Kollektiventwicklungen durch stochastische Differentialgleichungen modelliert werden. Allerdings liegen nun gesellschaftliche Zustände (Soziokonfigurationen) zu Grunde, die mit sozialwissenschaftlichen Methoden gemessen werden. Jede Komponente einer Soziokonfiguration bezieht sich auf eine Teilpopulation mit einem charakteristischen Verhaltensvektor.

Ein anschauliches Beispiel liefert die Migrationsdynamik. In Computergraphiken können z.b. die sich verändernden Wanderungsströme zweier Populationen, ethnischer Gruppen oder Nationalitäten analog einer Flussdynamik als unterschiedliche Attraktoren (›Ordnungsparameter‹) dargestellt werden – von Ghettobildungen (›Punktattraktoren‹) über oszillierende bis zu chaotischen Zuständen. Allerdings werden dabei soziale und ökonomische Faktoren und Interaktionen berücksichtigt und keine energetischen Wechselwirkungen. Beim Zufallsrauschen zerfallen alle Zusammenhänge und Kooperationen in einer Population: Jeder agiert nur noch für sich. Wir können dann auf der Mikroebene keine individuellen Entscheidungen voraussehen. Auf der Makroebene lassen sich aber mögliche Szenarien kollektiver Trendentwicklungen unter bestimmten Nebenbedingungen (›Kontrollwerten‹) simulieren.

> **Merksatz**
>
> **In der Soziodynamik wird keine neuartige Kausalität zugrunde gelegt. Es handelt sich auch bei sozialen Systemen um eine nichtlineare Dynamik komplexer Systeme, die vielfältige Rückkopplungen von gleichzeitigen Wechselwirkungen vieler Elemente berücksichtigt. Allerdings verfügen wir in der Regel über keine Bewegungsgleichungen für das individuelle Verhalten der Systemelemente auf der Mikroebene. Ferner ist die Art der Wechselwirkungen und damit der Zustände in komplexen Systemen unterschiedlich.**

Menschen sind keine Moleküle oder Zellen. Dennoch erzeugen z.B. ihre politischen Präferenzen kollektive Wahltrends, die ähnlich wie Strömungsmuster auf das Wahlverhalten des Einzelnen zurückwirken. Daher unterstellen Sozialwissenschafter auf der Mikroebene häufig Zufallsfluktuationen (wie z.B. in Bacheliers Modell vom Börsenverhalten) und arbeiten auf der Makroebene mit statistischen Verteilungsfunktionen, deren Dynamik mit stochastischen Gleichungen modelliert wird. Die Verteilungsfunktionen müssen durch empirische Stichproben repräsentativ abgesichert sein. Dann erlauben diese mathematischen Modelle, sowohl die Komplexität der Soziodynamik zu bestimmen als auch empirische Aussagen zu folgern.

Merksatz

In der Luhmannschen Systemtheorie werden soziale Systeme nur qualitativ durch elementare Operationen, Strukturen und in der Differenz zur Umwelt definiert. Die »Variation von Operationen«, die »rekursiv« (d.h. durch Rückkopplungen) produziert werden, und die »Selektion von Strukturen« bestimmen die Evolution »autopoietischer Systeme«. »Evolutionäre Strukturselektion«, so wird betont, ist »kein stabilitätsorientierter Prozess«. Solche Formulierungen weisen durchaus Ähnlichkeit mit Begriffen komplexer dynamischer Systeme und nichtlinearer Nicht-Gleichgewichtsdynamik auf. Was der Luhmannschen Systemtheorie fehlt, ist der Bezug zur mathematischen Theorie dynamischer Systeme. Damit entfällt die Möglichkeit, empirische Modelle zu bilden, auf dem Computer zu simulieren, anzuwenden und zu überprüfen.

Bei ökonomischen und sozialen Prozessen handelt es sich allerdings um hochdimensionale Systeme vieler Komponenten, bei denen die Rechenkapazitäten unserer Computer heute häufig noch unzureichend sind, um Trends genau zu bestimmen. Zudem kann man keine abgeschlossene Systemtheorie erwarten. Vielmehr handelt es sich um einen offenen Forschungsprozess, der nun erst begonnen hat.

Merksatz

Vom mathematischen Standpunkt sind Wirtschafts- und Gesellschaftswissenschaften schwieriger als die Naturwissenschaften, da ihre Modelle komplexer sind. Aber auch qualitative Einsichten im Umgang mit nichtlinearer Dynamik sind wertvoll und bewahren uns vor Überraschungen. Jedenfalls sollten wir sensibel für Zufallsfluktuationen und empfindlichen Gleichgewichte in Natur und Gesellschaft werden. Krisenmanagement kommt zu spät, wenn bereits Zufallsrauschen und Chaos herrschen. Wir benötigen Komplexitäts- und Risikomanagement nichtlinearer Dynamik.

Komplexität und Management

Im Zeitalter der Globalisierung findet Management der Zukunft unter den Bedingungen von Komplexität statt. Komplexität erzeugt nichtlineare Dynamik. Daher werden Konsequenzen nichtlinearer Dynamik für das Komplexitäts- und Krisenmanagement von Unternehmen und Verwaltungen untersucht.

> Merksatz
>
> **In unsicheren und unübersichtlichen Informationsräumen entscheiden Menschen auf der Grundlage beschränkter Rationalität und nicht des *homo oeconomicus*. Beschränkte Rationalität entspringt der durch Unvollständigkeit, Ungenauigkeit und Zufall bestimmten menschlichen Wahrnehmung von Problemen und Situationen, wie der Wirtschaftsnobelpreisträger und Mitbegründer der KI (Künstliche Intelligenz)-Forschung Herbert A. Simon bereits in den 1950er Jahren herausstellte.**

Beschränkte Rationalität steht daher im Zentrum moderner Kognitionsforschung und Philosophie. Ihre Ergebnisse müssen in das Management einfließen, um Unternehmen und Verwaltungen vor falschen Rationalitätsmodellen zu bewahren.

Komplexitäts- und Krisenmanagement ist dann erfolgreich, wenn wir die nichtlineare Dynamik komplexer Systeme verstehen. Für ein Unternehmen gilt daher herauszufinden, wieweit es sich in die Nähe von Instabilitäten mit ihren typischen Zufallsfluktuationen bewegen sollte, um Innovationsschübe auszulösen und das Abgleiten in Zerfall, Orientierungslosigkeit und Chaos zu vermeiden. In der Theorie komplexer dynamischer Systeme lassen sich globale Trends durch wenige statistische Verteilungsgrößen (Ordnungsparameter) modellieren.

Wir müssen z. B. nicht das tatsächliche Mikroverhalten jedes einzelnen Autofahrers kennen, um für bestimmte Verkehrsdichten ein Makroverhalten wie Stop-and-Go-Wellen oder Verkehrsinfarkt voraussagen zu können. Intelligente Verkehrsleitsysteme müssen lernen, solche Trends rechtzeitig aus statistischen Dichtemustern zu erkennen und sich dem Verkehrsfluss anzupassen. Ebenso muss intelligentes Management lernen, mit Instabilitäten und Zufallsfluktuationen sensibel umzugehen und geeignete Rahmenbedingungen zu setzen, damit sich eine gewünschte Geschäftsdynamik selbst organisiert.

Unternehmen sind aber, so wird man einwenden, Systeme von Menschen mit Gefühlen und Bewusstsein, keine willenlosen Atome oder Moleküle. Somatische Marker von Emotionen sind, wie in Kap. 6 herausgestellt wurde, die Ordnungsparameter menschlicher Befindlichkeit, von denen das individuelle Verhalten entscheidend beeinflusst wird.

Allerdings entstehen auch in sozialen Gruppen globale Meinungstrends und Ordnungsmodelle durch kollektive Wechselwirkung ihrer Mitglieder (z.b. Kommunikation). Sie entsprechen Ordnungsparametern des komplexen Systems. Diese kollektiven Meinungsbilder und Modelle, die wir uns selber von einer Organisation machen, wirken auf die Gruppenmitglieder zurück, beeinflussen ihr Mikroverhalten und verstärken oder bremsen dadurch die globale Systemdynamik. Solche Rückkoppelungsschleifen (‚Feedback') zwischen subjektiver und individueller Mikroperspektive und kollektiver Makroperspektive, zwischen Mikro- und Makrodynamik eines Systems ermöglichen erst Lerneffekte im Unternehmen wie z.b. antizyklisches Verhalten, um bewusst schädlichen Trends entgegenzuwirken.

> Merksatz
>
> **Im radikalen Konstruktivismus sprach man von der »sozialen Konstruktion der Wirklichkeit«, die das Verhalten des einzelnen Individuums beeinflusst. In der Theorie komplexer Systeme wird die zugrundeliegende nichtlinearer Dynamik erklärbar. Diese Einsicht führt zur Sensibilisierung für Instabilitätspunkte, Krisensituationen und Zukunftstrends.**

Zur geometrischen Veranschaulichung von Interaktionen in Unternehmen und Organisationen bieten sich komplexe Netzwerke an, bei denen Mitarbeiter durch Knoten und Kooperationen durch Kanten symbolisiert werden. Analog zu Bacheliers Modell und Normalverteilungen in wirtschaftlichen Gleichgewichtssituationen könnten bei sehr großen und unübersichtlichen Organisationen strukturlose Zufallsnetze (Abb. 3) unterstellt werden. Tatsächlich lässt sich aber in Kooperationsnetzwerken zeigen, wie sich z.B. in einer Firma aus Organisationsstrukturen mit unterschiedlichen Abteilungen Cluster von Kooperationen, Bekanntschaften und Seilschaften bilden. Clusterkoeffizienten und Verteilungsgrade von Kooperationen machen diese Musterbildungen in komplexen sozialen Systemen zu messbaren Größen. Daraus können Konsequenzen für günstige und schädliche Trends abgeleitet werden.

> **Wie die Spekulationsblasen auf Finanzmärkten können sich auch in Verwaltungen Wasserköpfe der Bürokratie aufblähen, die durch die tatsächlich notwendigen Leistungen nicht gerechtfertigt sind. In diesem Sinn gibt es auch den Joseph-Effekt in Organisationen mit dem bösen Erwachen beim Noah-Effekt, wenn die Blase abrupt implodiert und die Firma sich am Markt wegen Ineffektivität nicht mehr halten kann. In diesem Fall muss das Management rechtzeitig gegensteuern und Rationalisierungsmaßnahmen einleiten. Blasenbildungen unterliegen allgemeinen Gesetzen komplexer Systeme und nichtlinearer Dynamik, die keineswegs auf die bekannten ökonomischen Ereignisse beschränkt sind.**

Wenn Unternehmen als lernende und sich selbst organisierende komplexe dynamische Systeme verstanden werden, dann zeichnen sich erste Konturen eines Mitarbeiterprofils ab. Angesichts der nichtlinearen Dynamik von Menschen, Unternehmen und Märkten ist der Laplacesche Geist eines linearen Managements und Controllings ebenso zum Scheitern verurteilt wie die Unterstellung rationalen Verhaltens im Sinne des *homo oeconomicus*. Menschen handeln weder vollständig rational noch vollständig irrational. In unsicheren und unübersichtlichen Informationsräumen entscheiden sie auf der Grundlage beschränkter Rationalität insbesondere, wenn sie von zufälligen und unvorhergesehenen Ereignissen überrascht werden.

Menschen filtern fuzzy Informationen mit beschränkten Sinnesorganen und kognitiven Fähigkeiten, schätzen Risiken mit ihren Gehirnen intuitiv ein, bewerten Situationen auf der Grundlage von Motivationen und Emotionen und verstärken ihre Fähigkeiten im Team. Lern- und Kommunikationsfähigkeit, Sensibilität und Sozialität zeichnen uns Menschen nach wie vor aus.

Komplexität und Kommunikationssysteme

Organismen treten in der Natur nicht isoliert auf, sondern haben sich in nichtlinearer Populationsdynamik entwickelt. In der biologischen Evolution bildeten sich dabei Kommunikationssysteme von Tierpopulationen heraus, um die Interaktion der Systeme zu ermöglichen. Kommunikation in der Evolution reicht von neurochemischen Signalen in Insektenpopulationen bis zum artikulierten Gesang von Vögeln. Primaten, die mit Ästen Alarm schlugen, benutzten erstmals Werkzeuge zur Nachrichtenübertragung. Nach Trommeln, Rauchzeichen, Morsen und Telefonnetzen kommunizieren wir heute in Computernetzen wie dem Internet. Es ist mittlerweile das Nervensystem einer globalisierten Welt, in der wir Nachrichten in Echtzeit (d.h. mit Lichtgeschwindigkeit) austauschen.

Das Internet zerfällt aber nicht nur in die Summe einzelner vernetzter Computer. Mit plattformunabhängigen Computersprachen wie z.B. Java ist das Netz selber ein gigantischer Computer, in dem die Menschheit wie in einem Supergehirn ihre Dokumente speichert und multimedial animiert.

Merksatz

Wie ein Nervensystem ist das Internet ein komplexes sich selbst organisierendes Informationssystem, in dem keine zentrale Leitungsvermittlung stattfindet. Der Grund ist das Versenden (*routing*) von Bitpaketen, das in den Knotenpunkten des Netzes nach lokalen Kriterien von Netzbelastungen entschieden wird. Im Unterschied zu festen Verbindungen in Telefonnetzen findet also eine komplexe Signaldynamik durch Selbstorganisation statt.

Das Internet ist das größte technische Netzwerk. Die Informationsflut in komplexen Informations- und Kommunikationssystemen wie dem Internet kann von einzelnen Nutzern nicht mehr kontrolliert und bewältigt werden. Dazu bedarf es intelligenter Informationsfilter, Koordinations- und Kooperationsprogramme, die im Netz verteilt den Interessen der Nutzer entsprechend agieren. Als mobile und intelligente Programme in komplexen Informations- und Kommunikationsnetzen können solche virtuellen Dienstleister (‚Agenten‘) untereinander kooperieren und nützliche Informationen austauschen, die verschiedenen Nutzern helfen.

In der Natur trat ein solches kooperatives Kommunikationsverhalten bei komplexen Insektenpopulationen auf, die gemeinsam kollektive Leistungen wie den Bau von kunstvollen Termitenbauten oder verzweigten Ameisenstraßen organisierten, von denen das einzelne Tier keine Vorstellung hat. In der Soziobiologie spricht man daher von Schwarmintelligenz, die erst durch Kooperation und Kommunikation der Individuen einer Population entsteht. Im elektronischen Medium werden Kommunikationsmuster erzeugt, deren Ordnungsparameter das Verhalten einzelner Agenten prägen.

Merksatz

In Zeitreihen von Informationspaketen ist häufig statistische Selbstähnlichkeit nachweisbar. Diese Skaleninvarianz hat Potenzgesetze zur Folge, die auf einen hohen Komplexitätsgrad des Informationsflusses schließen lassen, wie er z.B. bei fraktalen (seltsamen) Attraktoren vorliegt (Abb. 21).

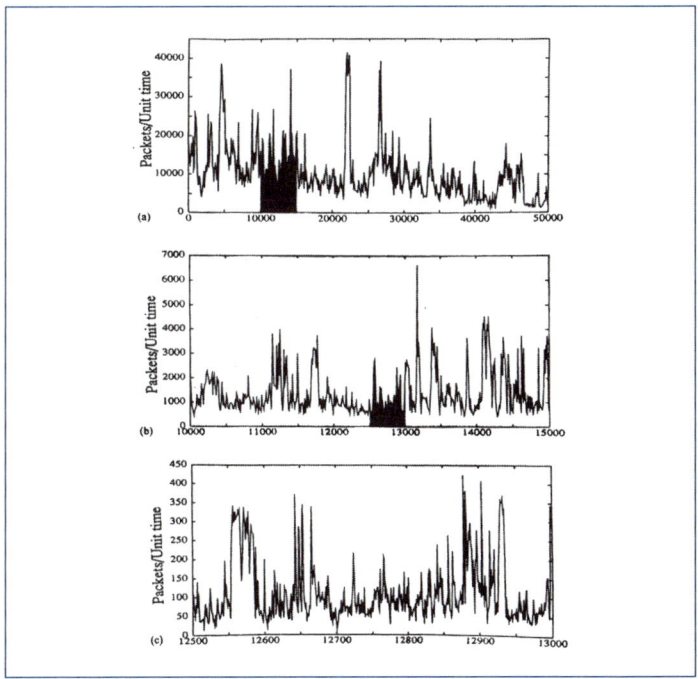

Abb. 21: Komplexität und Skaleninvarianz bei Zeitreihen von Fluktuationen der Informationspakete im Internet

Ende der 80er Jahre prophezeite Mark Weiser von der Firma Xerox den Trend zu einer telematisch vernetzten Gesellschaft, in der eine Vielzahl von einfachen Endgeräten den Alltag der Menschen unterstützen. Er prägte dafür die Bezeichnung vom Ubiquitous Computing. Informations- und Kommunikationstechnologie ist aber erst dann ‚ubiquitär‘ (d.h. überall verbreitet), wenn ihre Verbindung an Standardrechner wie PCs und Laptops überwunden wird und die gebündelten Funktionen eines Computers in die eigentlichen Anwendungen zurück verlagert werden. Künstliche Intelligenz steckt dann weniger hoch konzentriert in einem Gerät, sondern in der komplexen Vernetzung einer Infrastruktur von verschiedenen Geräten, die eine intelligente Nutzerumgebung schaffen. Intelligenz entsteht daher in der nichtlinearen Interaktion dieser Infrastruktur mit dem Menschen.

Nichtlineare Kausalität eröffnet auch die Möglichkeit, Selbstorganisationseigenschaften organischer Systeme in der Technik zu übernehmen. Man spricht bereits vom Organic Computing, in dem autonome Einheiten komplexer technischer Systeme Selbstdiagnose und Selbsttherapie bei Fehlfunktionen ermöglichen. Allerdings zeigen die bisherigen Beispiele, dass nicht nur gewünschte, sondern auch chaotische und unkontrollierbare Phänomene wie in der Natur (z.B. Krankheiten wie Krebs) auch in technischen Systemen sich selber in nichtlinearer Dynamik entwickeln können. Beisiele sind mutierende Computerviren. Es kommt darauf an, die kritischen Werte entsprechender Kontrollparameter zu erkennen und diese Art von Emergenz im Vorfeld zu vermeiden.

Mit den Rechenleistungen von Hochleistungsnetzen wie Web 2.0 und Web 3D werden virtuelle Erlebniswelten realisierbar, in denen viele Menschen kommunizieren und über Avatare interagieren können. Avatare sind virtuelle Figuren, die ein Internetbenutzer nach eigenem Geschmack von sich selber entwerfen kann. In den fotorealistischen virtuellen Umgebungen und Landschaften von »Second Life« entstehen neue komplexe virtuelle Gesellschaften mit einer eigenen virtuellen Dynamik. Schließlich werden in Computerspielen virtuelle Plattformen geschaffen, um selbst entworfene Kreaturen und Populationen der Evolution sich in nichtlinearer Dynamik entwickeln zu lassen. Aber nicht nur künstliches Leben im Netz wird so realisierbar. Auch Soziodynamik von Gruppen, Gesellschaften und Zivilisationen wird so virtuell erprobt. Dabei kann es sich um Sciencefiction handeln, wenn z.B. virtuelle Zivilisationen wie im Computerspiel SPORE beginnen, den Weltraum (virtuell) zu erobern. Es kann sich aber auch um Computersimulationen der nichtlinearen Dynamik handeln, die bei militärischen Einsätzen oder Katastrophenszenarien abläuft.

Literatur

Beck, Ulrich (1986): Risikogesellschaft. Auf dem Weg in eine andere Moderne. Frankfurt a. M.: Suhrkamp

De Sola Price, D. (1963): Little Science, Big Science. New York: Columbia University Press

Helbing, Dirk (Hrsg.) (2007): Managing Complexity: Insights, Concepts, Applications. Berlin: Springer

Luhmann, Niklas (1997): Die Gesellschaft der Gesellschaft. Frankfurt a. M.: Suhrkamp

Mainzer, Klaus (2007): Der kreative Zufall. Wie das Neue in die Welt kommt. München: C.H. Beck

Mainzer, Klaus (Hrsg.)(1999): Computernetze und virtuelle Realität. Leben in der Wissensgesellschaft. Berlin: Springer

Montroll, E.W. (1978): Social Dynamics and the Quantifying of Social Forces. In: Proc. Natl. Acad. Sci. USA 75, S. 4633-37

Simon, Herbert A. (1982): Models of Bounded Rationality 2 Bde. Cambridge Mass.: MIT Press

Weidlich, Wolfgang (2002): Sociodynamics. A Systematic Approach to Mathematical Modelling in the Social Sciences. London: Taylor & Francis

9

Komplexität und Philosophie

Nach Kant lässt sich die Aufgabe der Philosophie durch drei grundlegende Fragen charakterisieren: Was kann ich wissen? Was soll ich tun? Was darf ich hoffen? Wissen ist heute durch wachsende Komplexität bestimmt, die durch die ständige Spezialisierung der Wissenschaften angetrieben wird. Philosophie besinnt sich auf die gemeinsamen Grundlagen, legt Querverbindungen frei und ermöglicht damit Interdisziplinarität. Dazu bedient sie sich der Komplexitätsforschung, um die Wissenslandschaft zu vermessen. So wird Orientierung erst möglich, deren wir in einer immer komplexer werdenden Welt dringend bedürfen. Handeln und Entscheiden findet nämlich im Zeitalter der Globalisierung unter Bedingungen von Komplexität statt. Daher bedarf Ethik, die sich mit den Richtlinien und Normen unseres Tuns beschäftigt, ebenfalls der Ergebnisse der Komplexitätsforschung. Kants letzte Frage richtet sich auf den Sinn des Lebens in einer immer komplexer werdenden Welt.

Komplexität und Wissen

Wissen ist heute in den Wissenschaften hochspezialisiert und ausdifferenziert. Anschaulich können wir uns ein Netz vorstellen, dessen Maschen seit den Anfängen der Wissenschaften immer weiter und feiner geknüpft werden. Daher ist im Prinzip auch heute noch alles mit allem verbunden, wenn die Verbindungen auch häufig wie auf einer komplexen Landkarte versteckt und schwierig zu finden sind. Die Karte modelliert eine Landschaft des Wissens mit Tälern, Hügeln und hohen Bergen. In den Tälern befinden sich die fruchtbaren Weidegründe der Erfahrung, Daten und Laboratorien auf dem Boden der Tatsachen. Hügel und Berge unterschiedlicher Höhe repräsentieren mehr oder weniger abstrakte Begriffe und Theorien mit mehr oder weniger Distanz zur Realität.

So sind tägliche Wetterdaten unmittelbarer Ausdruck des Geschehens. Gleichungen von Höhenströmungen, denen sie gehorchen, sind bereits abstrakter, aber nur Modelle allgemeiner Strömungsgleichungen der Hydrodynamik, die wiederum eine Anwendung der allgemeinen mathematischen Theorie komplexer dynamischer Systeme ist und letztlich zum philosophischen Prinzip der Kausalität führt. Ähnlich können wir z.b. von konkreten Bevölkerungsstatistiken ausgehen und über verschiedene Abstraktionsschritte der Populationsdynamik zu allgemeinen mathematischen und philosophischen Begriffen der Dynamik aufsteigen. Mehr oder weniger angewandte und verwandte Theorien und Disziplinen sind wie Gipfel unterschiedlicher Höhen einer Bergregion verbunden. Auf der Spitze hoher Berge sind die allgemeinsten Begriffe und Universalien, von denen aus wir einen weiten Überblick über viele Disziplinen und das Netzwerk ihrer Verbindungen haben – allerdings in der dünnen und klaren Luft der Abstraktion, in der sich Philosophen wohl fühlen.

> Merksatz
>
> **Philosophen sind Spezialisten für das Allgemeine, für Prinzipien und Universalien des Wissens. In diesem Sinn sind sie Teil der Wissenslandschaft, die wie geologische Verschiebungen der Erde in ständiger Bewegung ist. Philosophen schweben also nicht auf einer Wolke über den Dingen. Sie sind teil von Forschung und Wissenschaft und sollten zur Überprüfung ihrer allgemeinen Einsichten immer wieder von den hohen Aussichtspunkten ihrer Abstraktionen ins Tal der Erfahrung und Daten wandern. Andererseits sollten die Einzelwissenschaften sich nicht positivistisch in den Tälern der Daten einigeln, sondern über den Rand schauen, um den Horizont nicht aus den Augen zu verlieren.**

Einer der ersten Philosophen und Wissenschaftler, der Klassifikationen von mehr oder weniger abstrakten Begriffen logisch in Hierarchien des Wissens ordnete, war Aristoteles. An der Spitze solcher baumartigen Hierarchien standen die allgemeinen Prinzipien der Dinge, die sich in weniger abstrakte Unterbegriffe teilten und mit wachsender Differenzierung zu konkreten Eigenschaften und Beobachtungen der Einzelwissenschaften führten. Solche Taxonomien wurden nach Aristoteles in der Ontologie als Lehre von den Dingen (»Seienden«) und ihren allgemeinen Prinzipien (»Sein«) zusammengefasst. Bemerkenswerterweise benutzt die Informatik die Bezeichnung »Ontologie« noch heute für Wissensklassifikationen, die z.B. in Datenbanken verwendet werden. So lassen sich Hierarchien des Managements vom Vorstand bis zu einzelnen Mitarbeitern ebenso erfassen wie Produktklassifikationen einer Firma. Im Unterschied zur traditionellen Ontologie geht es dabei allerdings nicht um die Wirklichkeit an sich, sondern um eine möglichst zweckmäßige formale Darstellung und Organisation von Wissen.

Neben der Klassifikation von Begriffen unterscheiden wir ihre Berechenbarkeits- und Entscheidbarkeitsgrade. Wie groß und komplex sind Algorithmen und Computerprogramme von Berechnungen und Entscheidungen? Wieviele Rechenschritte erfordert ein Problemlösungsverfahren? In der allgemeinen Systemtheorie unterscheiden wir ferner statische Systeme, deren Eigenschaften in der Zeit unverändert bleiben, von dynamischen Systemen, die sich in der Zeit verändern. Statt von zeitabhängigen Größen und Eigenschaften sprechen wir auch von Zuständen, in denen sich Elemente zu einem bestimmten Zeitpunkt befinden.

> **Merksatz**
>
> **Die Dynamik, also zeitliche Abfolge von Zuständen eines Systems, wird in der Philosophie als Kausalität von Ursache und Wirkung verstanden. Lineare dynamische Systeme entsprechen einer starken Kausalität, bei der Ursache und Wirkung proportional sind. Schwache Kausalität, bei der Ursache und Wirkung nur eindeutig determiniert sind, lässt auch (deterministisches) Chaos zu. Damit sind wir bei den nichtlinearen Systemen, deren dynamische Gleichungen Rückkopplungen von vielfältigen Ursachen und Wirkungen beschreiben.**

Ein weiterer wichtiger Aspekt dynamischer Systeme ist ihre Wechselwirkung mit der Systemumwelt. Dazu werden abgeschlossene (isolierte) Systeme von offenen (dissipativen) Systemen unterschieden. Für solche Systeme ergeben sich Grade dynamischer Komplexität, die z.B. durch Zeitreihen, Attraktoren oder Fraktalität bestimmt werden können. Neue komplexe Strukturen entstehen am Rande von Zufall und Chaos, aber fern von starrer Regularität.

Das bestätigt auch die Wahrscheinlichkeits- und Informationstheorie, mit der sich die Komplexität von Signalmustern dynamischer Systeme unterscheiden lässt. Zwischen Zufallsrauschen und starrer Regularität liegen die Skalen von Signalmustern, die mit der Emergenz komplexer Strukturen in der Natur, der Selbstorganisation des Lebens, der Kreativität des Gehirns und den Innovationszyklen in Wirtschaft und Gesellschaft verbunden sind. Skaleninvarianz und Potenzgesetze wurden als wichtige Kriterien dieser Dynamik herausgestellt. Abb. 22 liefert eine Übersicht über die Klassifikation von Komplexität.

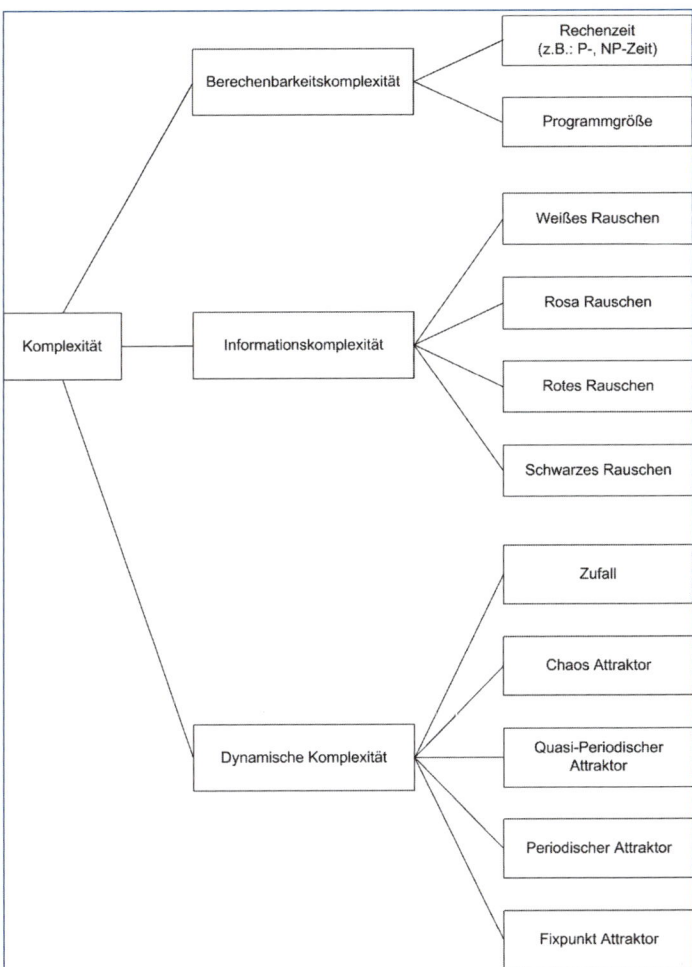

Abb. 22: Klassifikation von Komplexität

Der allgemeine Formalismus komplexer dynamischer Systeme und nichtlinearer Dynamik darf allerdings nicht als Reduktionismus missverstanden werden. Die Strukturen komplexer Systeme sind nicht auf ihre einzelnen Elemente zurückführbar, sondern nur durch ihre kollektive Wechselwirkung erklärbar. Nichtlinearität präzisiert die alte philosophische Einsicht, wonach das Ganze mehr ist als die Summe seiner Teile.

Aufgaben der Komplexitätsforschung

Definition

Die Theorie komplexer dynamischer Systeme ist eine interdisziplinäre Methodologie zur Modellierung nichtlinearer Prozesse in Natur und Gesellschaft. Diese Perspektive nenne ich den *‚dynamical view'* der Welt. Sie ist die wissenschaftstheoretische Antwort auf die zunehmende Komplexität, Empfindlichkeit und Unübersichtlichkeit der modernen Lebenswelt des Menschen.

Als Beispiele seien die Herausforderungen der Globalisierung, von Umwelt und Klima, Life Sciences und Informationsflut genannt. Veränderungen, Krisen, Chaos, Innovations- und Wachstumsschübe werden durch Phasenübergänge in kritischen Zuständen modelliert. Ziel sind Erklärungen und Prognosen dieser Prozesse. In Zeitreihenanalysen müssen dazu Phasenräume und Attraktoren aus Messwerten rekonstruiert werden. Signalanalysen messen den Grad von Ordnung und Unordnung in einem Meer des Signalrauschens. Die damit verbundenen Probleme der Messauswertung und Diagnose sind eine große Herausforderung für die Komplexitätsforschung.

Definition

Häufig reichen Computersimulationen, bei denen Algorithmen und Programme an die Stelle von Gleichungen dynamischer Systeme treten. In diesem Fall spreche ich vom *‚computational view'* der Welt. In einer Komplexitätsanalyse sind Leistungsfähigkeit, Aufwand und praktische Beschränkungen dieser Modelle zu bestimmen.

Die Zukunft ist langfristig nicht vorausberechenbar, aber Trends (Ordnungsparameter) ihrer Dynamik erkennbar und beeinflussbar. Ebenso wenig wie die lineare Kausalität des Laplaceschen Geistes ausreicht, gelingt es dem *homo oeconomicus*, unter den Bedingungen vollständiger Information vollständige Rationalität zu realisieren. Entscheidungsverhalten findet unter den Bedingungen von Komplexität statt. Ihre nichtlineare Kausalität erlaubt nur beschränkte Rationalität. Lineare Kausalität ist ebenso wie die klassische Mechanik und Ökonomie eine begriffliche Fiktion, die bestenfalls Näherungen erlaubt.

Selbstorganisation komplexer Systeme führt zur Emergenz neuer Phänomene, die auf neuen Stufen der Evolution auftreten. Selbstorganisation ist notwendig, um die zunehmende Komplexität dieser Entwicklung zu bewältigen. Sie kann aber auch zu unkontrollierbarer Eigendynamik und Chaos führen. In komplexen dynamischen Systemen (z.B. Organismen) bedarf es daher auch Monitoring und Controlling auf hierarchischen Systemstufen. Das gilt auch für soziale und ökonomische Systeme.

Es gibt noch keine abschließende nichtlineare Systemtheorie. Wir kennen nur Teile von biologischen, neuronalen, mentalen und sozialen Systemen im Rahmen einer allgemeinen Theorie komplexer dynamischer Systeme. Aber auch z.B. in der Physik gibt es noch keine abschließende Theorie physikalischer Kräfte. Dennoch wird damit erfolgreich gearbeitet.

Die Entwicklung der Komplexitätsforschung bedarf der interdisziplinären Zusammenarbeit von Formal-, Natur-, Sozial- und Geisteswissenschaften. Ziel sind selbstorganisierende Systeme und Infrastrukturen als Dienstleister für uns Menschen, die helfen, eine immer komplexer werdende Welt zu bewältigen und lebenswerter zu gestalten. Dienstleistung setzt aber voraus, dass wir selber die innere Gelassenheit finden, um sensibel reagieren und Maßstäbe für eine nachhaltige Zukunft setzen zu können.

Komplexität und Ethik

Ethik bedeutet ursprünglich die Lehre von den handlungsleitenden Sitten und Gebräuchen, Gewohnheiten und Institutionen. Für Aristoteles war daher ethisches Orientierungswissen an die konkrete (damalige) Lebensgemeinschaft der Menschen, d.h. der Bürgerschaft eines griechischen Stadtstaates wie der Polis gebunden. Eine ähnliche Auffassung findet sich in asiatischer Tradition z.B. bei Konfu-

zius. Daraus entstand die allgemeine ethische Leitfrage nach einer Moral, nach der wir gut leben, gerecht handeln und vernünftig über unser Handeln und Leben entscheiden und urteilen können.

Die Geschichte menschlicher Kultur und Gesellschaft zeigt, wie die Beantwortung dieser ethischen Leitfrage vom jeweiligen Gesellschaftssystem und Naturbild abhängig war. Ethik hängt also einerseits von unserem Wissen über die Dynamik von Natur und Gesellschaft ab. Andererseits führen historische Erfahrungen zu Veränderungen, Korrekturen und Präzisierungen der Richtlinien und Normen des Handelns. So schlagen sich im Rechtssystem z.b. der Bundesrepublik Deutschland unterschiedliche historische Erfahrungen aus verschiedenen Epochen nieder. Teile des Zivilrechts reichen bis in griechisch-römische Traditionen zurück, während z.b. Sexual-, Ehe- und Familienrecht heute von anderen Lebensverhältnissen als in Biedermeier- und Kaiserzeit ausgehen. Damit hängen sowohl neue Einsichten in die Natur des Menschen zusammen als auch die veränderten sozialen Rollen in einer hoch komplexen Industrie- und Arbeitswelt.

Andere Teile wie die Grund- und Menschenrechte haben ihre Wurzeln in den Anfängen der Kultur- und Religionsgeschichte. Heute wissen wir, dass die Achtung vor der Würde des anderen keineswegs vom Himmel gefallen ist. Sie erforderte zunächst die neurobiologische Evolution von Gehirnarealen, die Empathie und das sich Hineindenken und Hineinfühlen in die Rolle des Anderen (»Du«) erst möglich machte. Die Stabilisierung und Befriedung komplexer sozialer Organisationen wurde so erst möglich. Bis zur Entwicklung des christlichen Gebots der Nächstenliebe und Kants kategorischem Imperativ war es dann immer noch ein langer und häufig schmerzhafter Lernprozess.

Im Zeitalter der Globalisierung erweisen sich Länder und Kulturen als komplexe Systeme, die den Gesetzen nichtlinearer Dynamik folgen. Religionen wirken dabei häufig wie Katalysatoren, die politische und kulturelle Veränderungen bewirken, ohne selber direkt in Erscheinung zu treten. Geschichte lässt sich in Phasenübergängen verstehen, die an Instabilitätspunkten in neue Ordnungen umschlagen, die wiederum instabil werden können, um neuen Ordnungen Platz zu machen.

Nichtlineare Dynamik bedeutet, dass wir Prozesse nicht in allen Details zentral steuern können. Wir müssen vielmehr rechtzeitig die Instabilitätspunkte und möglichen Ordnungsparameter erkennen, die globale Trends dominieren könnten. Ihre Gesetze verstehen bedeutet nicht, sie berechnen und beherrschen zu können. Sensibilität für empfindliche Gleichgewichte ist eine neue Qualität der Erkenntnis nichtlinearer Dynamik.

Welche ethischen Konsequenzen folgen aus diesen Einsichten in das Handeln und Entscheiden in komplexen Systemen jenseits heute möglicher mathematischer Modelle?

Alle Erfahrungen zeigen uns, dass Entscheidungsverhalten in politischen und wirtschaftlichen Systemen letztlich auf einer tiefer liegenden Schicht beruht. Menschen entscheiden und handeln bewusst oder unbewusst auf der Grundlage rechtlicher, kultureller und religiöser Wertvorstellungen, die seit Jahrhunderten weltweit in unterschiedlichen Traditionen gewachsen sind und sie prägen. Wir können diese Wertvorstellungen daher als Ordnungsparameter rechtlicher, kultureller und religiöser Dynamik auffassen. Kulturelle und religiöse Symbole treten an die Stelle mathematischer Zeichen von Modellen nichtlinearer Dynamik. Es ist eine globale Herausforderung, friedliche Koexistenz und kulturelle Balance zu fördern, um den Crash der Kulturen und Religionen in ihrer komplexen nichtlinearen Dynamik zu verhindern.

Im Zeitalter der Globalisierung führen weltweite Märkte zu einer Vielzahl technisch-wissenschaftlicher Innovationen mit nützlichen und gefährlichen nichtlinearen Seiteneffekten. Weltweit stoßen unterschiedliche Kulturen und Religionen aufeinander und erzeugen Synergien und Konflikte. Daher bedarf es der interdisziplinären und interkulturellen Kooperation, um die nichtlineare Dynamik der Globalisierung zu verstehen und die Einheit in der Vielheit zu fördern.

Eine zentrale Herausforderung ist dabei die Frage, wieweit die Toleranz vor unterschiedlichen Wert- und Rechtstraditionen gehen kann. Todesstrafe und Frauenrecht sind schlaglichtartige Beispiele, die zeigen, wohin der Werterelativismus einer positivistischen Rechtsauffassung führen kann.

Ähnlich wie die allgemeinen und invarianten Gesetze und Prinzipien unseres Wissens bedürfen auch unsere ethischen und rechtlichen Handlungsnormen allgemeiner Universalien (Ordnungsparameter), die supranational und unveräußerlich sind. So sind die Menschenrechte in einem langen Lernprozess entstanden. Sie erweisen sich als so fundamental für unser Zusammenleben, dass wir hinter diese erreichten Standards nicht mehr zurückfallen sollten.

Konkretisierungen und Verbesserungen sind damit nicht ausgeschlossen. Ein Beispiel ist die Rolle von Verantwortung im Strafrecht, die durch neurobiologische Einsichten in unterschiedlichen Graden der Zurechnungsfähigkeit differenzierter berücksichtigt werden kann.

Nach der Organisation der Nationalstaaten spätestens seit dem 19. Jahrhundert bedarf es nun supranationaler Einheiten, in denen die Völker bei aller Verschiedenheit und Eigenart kooperieren können. In Wirtschaft, Politik und Recht werden erste globale Organisationsstrukturen aufgebaut. Beispiele sind die Vereinten Nationen (UN), die Welthandelsorganisation (WTO) oder der Europäische Gerichtshof. Viele Plattformen interkultureller Kommunikation fehlen noch.

Vom Standpunkt der nichtlinearen Dynamik aus geht es um die Schaffung gemeinsamer »Ordnungsparameter«, um die globale Regierbarkeit (*global governance*) dieses Planeten zu sichern, Konflikte zu minimieren und Komplexität zu reduzieren. Wir müssen geeignete Impulse und Signale auslösen, damit diese Integration wachsen und sich entwickeln kann. Verordnen und programmieren lässt sie sich nicht.

Den Sinn, um mit der letzten Frage der Philosophie zu schließen, hat jedes System in sich selber. Insbesondere trägt das Leben seinen Sinn in sich selber. Leben ist – in der Diktion von Kant – Selbstzweck. Leben will gelebt werden, hier und heute, in dieser Welt, unter den Bedingungen dieser Welt – allerdings unter lebenswerten Bedingungen. Daran sollten wir alle gemeinsam mit Philosophie und Wissenschaft arbeiten.

Literatur

Mainzer, Klaus (2007): Thinking in Complexity. The Computational Dynamics of Matter, Mind, and Mankind. Berlin: Springer 5. erweiterte Auflage

Mainzer, Klaus (2007): Der kreative Zufall. Wie das Neue in die Welt kommt. München: C.H. Beck

Mainzer, Klaus (2005): Symmetry and Complexity. The Spirit and Beauty of Nonlinear Science. Singapore: World Scientific

Mittelstraß, Jürgen (Hrsg.)(1980-1996): Enzyklopädie Philosophie und Wissenschaftstheorie 4 Bde. Stuttgart: Metzler

Rescher, Nicholas (1998): Complexity. A Philosophical Overview. New Brunswick: Transaction Publishers

Sowa, John F. (2000): Knowledge Representation. Logical, Philosophical, and Computational Foundations. Pacific Grove: Brooks/Coole

Scott, Alwyn (Hrsg.)(2005): Encyclopedia of Nonlinear Science. New York: Routledge

Anhang

Glossar

(Verwendete Begriffe des Glossars werden mit ↑ gezeichnet.)

Algorithmus: Formales Verfahren zur Berechnung einer Funktion bzw. eines Problems. Der A. einer berechenbaren Funktion bzw. eines berechenbaren Problems kann durch ein Computerprogramm (↑Turingmaschine) realisiert werden.

Algorithmische Komplexität: Maß für die ↑Komplexität eines Problems als Größe des kürzesten Computerprogramms, das ein Problem berechnet oder eine vollständige Beschreibung des Problems liefert.

Attraktor: Zustand, in den ein ↑dynamisches System langfristig hineingezogen wird. Ein Gleichgewichtszustand entspricht einem Fixpunkt-Attraktor, der sich im Lauf der Zeit nicht mehr verändert (»fixiert bleibt«). Im ↑Phasenraum laufen (»konvergieren«) dann alle Entwicklungslinien (Trajektorien) zu diesem Punkt als Endzustand. Lineare Systeme (↑Linearität) besitzen nur Fixpunkt-Attraktoren. Nichtlineare Systeme (↑Nichtlinearität) besitzen auch Grenzzyklen (↑Grenzzyklus), in denen sich Zustände periodisch wiederholen, oder im Fall von Turbulenz Chaosattraktoren (↑Chaos), bei denen sich die Entwicklungslinien völlig irregulär und nicht-periodisch in einem begrenzten Gebiet des Zustandsraums verdichten. Wenn sie dabei ein ↑Fraktal bilden, spricht man von einem »seltsamen« Attraktor (*strange attractor*).

Bifurkation: Verzweigung einer Zustandsentwicklung an einem Instabilitätspunkt (↑Instabilität) eines ↑dynamischen Systems, wenn der ↑Kontrollparameter des Systems verändert wird.

Binärzahl: Darstellung einer Zahl mit den binären Ziffern 0 und 1 zur Basis 2 anstelle z.B. einer Dezimaldarstellung mit den Ziffern 0, 1, 2, 3, 4, 5, 6, 7, 8, 9 zur Basis 10. Beispiel: Die Binärzahl $101 = 1 \cdot 2^2 + 0 \cdot 2^1 + 1 \cdot 2^0$ entspricht der Dezimalzahl $5 = 5 \cdot 10^0$.

Bit: Abkürung für englisch *binary digit*. Bezeichnung für die kleinste Darstellungseinheit für Daten und Information mit Binärzahlen (↑Binärzahl): Ein Bit kann entweder den Wert 0 oder 1 einnehmen.

Brownsche Bewegung: Zufallsbewegungen von z.B. Molekülen oder Börsendaten, die voneinander so unabhängig sind wie die Münzwürfe einer fairen Münze.

Chaos: Deterministisches C. ist der ↑Attraktor eines nichtlinearen dynamisches Systems (↑Nichtlinearität, ↑Dynamisches System), das sich irregulär und nichtperiodisch (»chaotisch«) entwickelt, obwohl seine Zustände durch ein Entwicklungsgesetz eindeutig determiniert sind (↑Determinismus). Die Entwicklung eines chaotischen Systems hängt empfindlich von kleinsten Veränderungen der Anfangsbedingungen ab (↑Schmetterlingseffekt, ↑Lyapunov Exponent) und ändert sich bereits nach wenigen Schritten. Daher sind nur kurzfristige Zukunftsprognosen möglich (z.B. Wetter). Der Rechenaufwand für langfristige Prognosen wächst exponentiell (↑Komplexität).

Chromosom: DNS-Strang (↑DNS) aus Millionen von Nukleotiden, den Bausteinen von Nukleinsäuren, die der Speicherung und Übertragung genetischer Information dienen.

Determinismus: Ein ↑dynamisches System heißt deterministisch, wenn jeder Zustand durch sein Entwicklungsgesetz eindeutig bestimmt ist.

Dissipatives dynamisches System: Offenes ↑dynamisches System, das im Stoff- und/oder Energieaustausch mit seiner Umgebung ist und dabei Wärmeenergie freisetzen kann (z.B. Dissipation von Wärmeenergie bei Reibung). Durch wachsende Energiezuführung kann es vom thermischen Gleichgewicht fortgetrieben werden und neue Ordnungen und Strukturen aufbauen, die durch Attraktoren (↑Attraktor) bestimmt sind. Beispiel: Strömungsbilder in einem Fluss, Wachstum eines Organismus.

DNS: Desoxyribonukleinsäure. Zwei Stränge DNS bilden eine spiralförmige Doppelhelix, die durch Basenpaare verbunden sind und dabei an eine Wendeltreppe erinnern. In der DNS sind alle Informationen für die Entwicklung eines Organismus kodiert.

Dynamisches System: System von Elementen, die in bestimmten Zuständen (z.B. Bewegungszustand eines Moleküls, Feuern einer Nervenzelle, Entwicklungszustand eines Aktienkurses) sind und deren Dynamik durch ein zeitabhängiges Entwicklungsgesetz beschrieben werden kann. Je nach Art der Gleichung des Entwicklungsgesetzes kann es sich um ein deterministisches oder stochastisches System (↑Determinismus, ↑Stochastik) handeln.

Dynamische Komplexität: ↑Komplexität von dynamischen Systemen (↑Dynamisches System), deren Attraktoren (↑Attraktor) von der einfachen geometrischen Struktur eines Fixpunkts über Grenzzyklen (↑Grenzzyklus) bis zur komplexen Struktur eines Chaosattraktors (↑Chaos) reichen. Im ↑Zufallsrauschen sind alle Strukturen zerfallen.

Emergenz: Emergente Eigenschaften sind makroskopische Eigenschaften eines ↑dynamischen Systems, die weder in den mikroskopischen Systemelementen auftreten noch daraus ableitbar sind. Man sagt: Das Ganze ist mehr als die Summe seiner Teile (↑Nichtlinearität). Beispiele: Wassermoleküle sind nicht feucht wie Wasser. Neuronen können nicht denken wie Gehirne.

Entropie: Maß für den Grad der Zufälligkeit und Unordnung eines ↑dynamischen Systems. Sie entspricht der Anzahl der verschiedenen Möglichkeiten, die mikroskopischen Zustände der Systemelemente anzuordnen, um denselben makroskopischen Systemzustand zu erzeugen. Beispiel: Verschiedene Anordnungsmöglichkeiten von Wassermolekülen, um dieselbe Wassertemperatur zu erzeugen.

Evolutionärer Algorithmus: ↑Algorithmus, der die Dynamik der Evolution mit ↑Mutation, Selektion und Adaption simuliert, um optimale Lösungen in der Lösungsmenge eines Problems zu finden.

Fourier-Analyse: Nach dem französischen Mathematiker J. Fourier lässt sich jedes stetige Signal endlicher Dauer als Überlagerung (Superposition) von periodischen Oszillationen mit verschiedener Frequenz und Amplitude darstellen. Die verschiedenen periodischen Komponenten werden durch das Signalspektrum gemessen.

Fraktal: Geometrisches Objekt, das durch Selbstähnlichkeit bestimmt ist, d.h. Teile eines F.s sind bei entsprechender Vergrößerung ähnlich zum Ganzen. Beispiele: Küstenlinien von Ländern und Kontinenten, aber auch chaotische Zeitreihen (↑Zeitreihe) haben statistische Selbstähnlichkeit. Seltsame Attraktoren (↑Attraktor) sind ebenfalls F.e.

Gen: DNS-Abschnitt (↑DNS), das die gesamte genetische Information beinhaltet und deren Bearbeitung steuert.

Genetisches Programmieren: Anwendung eines ↑evolutionären Algorithmus in einem Computerprogramm, das insbesondere die Genetikgesetze simuliert.

Gesetz der großen Zahl: Vergrößert man bei einer ↑Zufallsfolge, bei der die Ereignisse voneinander unabhängig sind (z.B. Münzwurf), die Stichproben immer weiter, so wächst die Wahrscheinlichkeit, dass das Verhältnis von z.B. Kopfwürfen zur Gesamtzahl der Würfe in einer Stichprobe einer Grenzzahl (z.B. 1 : 2 bei einer idealen Münze) beliebig nahe kommt.

Grenzzyklus: Periodisches Verhalten eines ↑dynamischen Systems, bei dem sich Zustände regelmäßig wiederholen (z.B. Pendelschwingung). Es zeigt sich im ↑Phasenraum in einer geschlossenen Kurvenbahn, die G. genannt wird. Unabhängig von den Anfangsbedingungen mündet die Entwicklungslinie (Trajektorie) eines periodischen Systems in einen G.

Hedging: Absicherung von Wertpapieren z.B. durch Berechnung ihrer Risiken mit der Black-Scholes Formel.

Hurst-Koeffizient: Koeffizient H nach dem britischen Hydrologen H.E. Hurst, mit dem sich der Grad der Unabhängigkeit von Ereignissen messen lässt. Eine Ereignisfolge mit $H = \frac{1}{2}$ entspricht ↑mildem Rauschen wie bei der ↑Brownschen Bewegung. Bei $H > \frac{1}{2}$ treten Trendmuster (»Gedächtnis«) auf wie beim ↑Joseph-Effekt, bei $H < \frac{1}{2}$ abrupte Änderungen wie beim ↑Noah-Effekt.

Information: Der Informationsgehalt einer Zeichensequenz wird in ↑ Bit gemessen. Die Biteinheiten 0 und 1 lassen sich durch alternative Zustände dynamischer Systeme (↑ dynamisches System) realisieren (z.b. alternative Spannungszustände von Schaltern in einem Computer, Feuern oder Nicht-Feuern einer Nervenzelle im Gehirn).

Instabilität: Stationärer Zustand eines ↑ dynamischen Systems, in dem eine kleine Störung eine Veränderung des gesamten Systemzustands auslösen kann (↑ Phasenübergang).

Joseph-Effekt: Biblisches Bild, mit dem anschaulich ein Trend (»Marktgedächtnis«) in der Entwicklung einer ökonomischen ↑ Zeitreihe (z.b. Börsendaten) bezeichnet wird.

Komplexität: In der Informatik bezieht sich K. auf den Aufwand von Zeit, Beschreibung und Größe des Computerprogramms zur Berechnung einer Funktion bzw. eines Problems. Die K. der Beschreibung und Größe des Computerprogramms wird durch die ↑ Algorithmische Komplexität bestimmt. Die Einteilung der K. nach der Laufzeit hängt von der entsprechenden mathematischen Zeitfunktion ab, die linear, quadratisch, polynomiell oder exponentiell wachsen kann. In der Physik bezieht sich K. auf dynamische Systeme (↑ Dynamische Komplexität), deren Attraktoren (↑ Attraktor) von der einfachen geometrischen Struktur eines Fixpunkts bis zur komplexen Struktur eines Chaosattraktors (↑ Chaos) reichen.

Konservatives dynamisches System: Abgeschlossenes ↑ dynamisches System, dessen Entwicklungslinien (Trajektorien) im ↑ Phasenraum Volumen erhalten (»konservieren«) – im Unterschied zu einem ↑ dissipativen dynamischen System. Daher können sie keine Regionen im Phasenraum ausbilden, wo Trajektorien z.b. in einem Fixpunkt (↑ Attraktor) zusammenlaufen (konvergieren). Allerdings können sie chaotisch (↑ Chaos) werden und empfindlich von den Anfangsbedingungen abhängen. Beispiel: Abgeschlossenes System der Himmelsmechanik mit wenigstens drei Himmelskörpern, das instabil und chaotisch werden kann.

Kontrollparameter: Parameter, von dem ein ↑ dynamisches System abhängt und dessen Veränderung zur ↑ Selbstorganisation (↑ Emergenz) von neuen Strukturen, aber auch zu ↑ Chaos führen kann.

Lernalgorithmus: ↑ Algorithmus, der in einem ↑ neuronalen Netz schrittweise ein Lernziel realisiert. Ein Lernziel kann im Phasenraum des neuronalen Netzes durch einen ↑ Attraktor dargestellt werden, dem sich die Trajektorie der Zustandsentwicklung schrittweise nähert. Man unterscheidet überwachtes Lernen (z.b. Backward-Propagation) und nicht-überwachtes Lernen (z.b. Kohonen-Netz). Ein L. ist ein Beispiel für ↑ Selbstorganisation von Neuronen, bei der spontan ein makroskopisches Muster wiedererkannt oder neu entdeckt wird.

Linearität: In linearen dynamischen Systemen ist die Dynamik durch ein lineares Entwicklungsgesetz bzw. eine lineare Gleichung bestimmt. Dann sind Ursache und Wirkung proportional. Beispiel: Kleiner Stoß eines Pendels führt zu kleinem Schwung, großer Stoß zu großem Schwung.

Lyapunov Exponent: Exponent, mit dem die empfindliche Abhängigkeit eines ↑ dynamischen Systems von kleinsten Veränderungen seiner Anfangsdaten gemessen wird.

Mastergleichung: Stochastische Differentialgleichung, mit der die Dynamik eines stochastischen Systems (↑ Stochastik), d.h. die zeitliche Veränderung einer statistischen Verteilungsfunktion als Systemzustand, modelliert wird. Universelle Anwendung auf stochastische Systeme in Natur und Gesellschaft.

Metabolismus: Stoffwechsel eines Organismus als komplexes ↑ dynamisches System, der der Aufnahme, dem Einbau, Abbau, der Verbrennung oder dem Ausscheiden von Substanzen dient.

Mildes Rauschen: Weißes ↑ Rauschen wie bei Zufallspfaden der ↑ Brownschen Bewegung.

Mutation: Veränderung der genetischen Information, die auch zufällig eintreten kann.

Noah-Effekt: Biblisches Bild, mit dem anschaulich eine abrupte Veränderung (»Crash«) in einer ökonomischen Zeitreihe (z.B. Börsendaten) bezeichnet wird.

Neuronales Netzwerk: Komplexes Netzwerk von Nervenzellen (Neuronen), die durch Synapsen verbunden sind. Die Architektur und Dynamik von technischen N.N.en sind nach dem Vorbild lebender Gehirne konzipiert. Es handelt sich um komplexe dynamische Systeme (↑ Dynamisches System, ↑ Komplexität), deren Dynamik durch Lernalgorithmen (↑ Lernalgorithmus) modelliert wird.

Nichtlinearität: In nichtlinearen dynamischen Systemen (↑ dynamisches System) ist die Dynamik durch ein nichtlineares Entwicklungsgesetz bzw. eine nichtlineare Gleichung bestimmt. Dann sind Ursache und Wirkung nicht mehr proportional wie im Fall von ↑ Linearität. Es kommt zu Rückkopplungen und komplexen Wechselwirkungen der Systemelemente, die ↑ Selbstorganisation (↑ Emergenz) von neuen Strukturen, aber auch ↑ Chaos auslösen können.

NP-Problem: Klasse aller Funktionen bzw. Probleme, die von einer nichtdeterministischen Turingmaschine (↑ Turingmaschine) in polynomieller Laufzeit berechnet werden können.

Ordnungsparameter: makroskopischer Parameter eines komplexen ↑ dynamischen Systems, der eine neue makroskopische Struktur des Systems charakterisiert, die durch ↑ Selbstorganisation (↑ Emergenz) nach einem ↑ Phasenübergang des Systems entstanden ist.

Phasenraum: Mathematischer Raum, der durch die Zustandskoordinaten eines ↑dynamischen Systems aufgespannt wird. Beispiel: Der Zustand eines Pendels (Oszillator) ist durch Ort und Geschwindigkeit bestimmt, die als Koordinaten einen zweidimensionalen P. definieren. Ein Punkt im P. repräsentiert den Zustand des Systems zu einem Zeitpunkt. Zeitliche Zustandsveränderungen entsprechen Entwicklungskurven (Trajektorien), die in Attraktoren (↑Attraktor) konvergieren können.

Phasenübergang: Abrupter Zustandswechsel in einem ↑dynamischen System. Beispiele der Physik: Festkörper-Flüssigkeit-Gas-Plasma. In der Theorie komplexer dynamischer Systeme ist ein P. mit der ↑Selbstorganisation (↑Emergenz) einer neuen Struktur, aber auch mit der Entstehung von ↑Chaos verbunden.

Portfolio: Zusammenstellung von verschiedenen Aktien, um die Risiken von Gewinn und Verlust zu verteilen. Ein P. ist effizient, wenn es bei kleinstem Risiko den höchsten Profit hervorbringt.

Potenzgesetz: Gesetz, das von der Potenz α einer Größe abhängt, d.h. die Form $f(x) = k \cdot x^{\alpha}$ hat (z.B. Paretos Einkommenskurve). Es gilt unabhängig von seiner Skalierung (Skaleninvarianz). P.e sind typisch für komplexe Strukturen des Lebens wie z.B. Organismen und der Gesellschaft wie z.B. Wirtschaftssysteme.

P-Problem: Komplexitätsklasse aller Funktionen bzw. Probleme, die durch einen polynomial zeitbeschränkten ↑Algorithmus berechnet werden können (↑Komplexität).

Rauschen: Folge von ungeordneten Signalgeräuschen, die sich graphisch in Zeitreihen (↑Zeitreihe) zeigen. Allgemein spricht man vom $1/f^{\,b}$-Rauschen (↑Potenzgesetz) in Datenmustern und unterscheidet weißes Rauschen ($b = 0$ mit Normalverteilung wie bei der ↑Brownschen Bewegung), rosa Rauschen ($b = 1$), rotes Rauschen ($b = 2$) und schwarzes Rauschen ($b = 3$).

Schmetterlingseffekt: Anschauliches Bild für die empfindliche Abhängigkeit eines chaotischen Systems bei kleinsten Veränderungen der Anfangsdaten: Der Flügelschlag eines Schmetterlings kann im Prinzip im Fall einer instabilen Wetterlage eine globale Wetterveränderung auslösen.

Selbstorganisation: ↑Emergenz einer makroskopischen Struktur, die durch nichtlineare Wechselwirkung (↑Nichtlinearität) vieler Systemelemente in einem komplexen ↑dynamischen System (↑Komplexität) in der Nähe eines Instabilitätspunktes (↑Instabilität) ausgelöst wird und mit einem ↑Phasenübergang verbunden ist.

Soziodynamik: Theorie komplexer sozialer Systeme (↑Dynamisches System, ↑Komplexität), mit der soziale und wirtschaftliche Dynamik in Phasenübergängen (↑Phasenübergang) modelliert wird. ↑Chaos, Zufall und Katastrophen, aber auch Innovationsschübe und Wachstumstrends werden durch Attraktoren (↑Attraktor) darstellbar und erklärbar. Mathematisch kommen dazu häufig Mastergleichungen (↑Mastergleichung) zur Anwendung.

Spieltheorie: Mathematisch-ökonomische Theorie zur Auswahl optimaler Verhaltensweisen von Systemen aus der Menge der möglichen Verhaltensstrategien in Konfliktsituationen. Im mathematischen Modell werden die Verhaltensstrategien als Spielstrategien aufgefasst. In der evolutionären S. werden evolutionäre Strategien von Populationen untersucht, die optimale Selektionen in evolutionär stabilen Gleichgewichtsituationen erlauben. Sie entsprechen der Untersuchung von Gleichgewichtssituationen und Attraktoren (↑Attraktor) bei Phasenübergängen (↑Phasenübergang) von komplexen dynamischen Systemen (↑Dynamisches System, ↑Komplexität).

Stochastik: Mathematische Theorie stochastischer Prozesse und Systeme, deren Dynamik durch zeitabhängige Gleichungen für stochastische Zustände, d.h. durch die zeitliche Veränderung einer statistischen Verteilungsfunktion (z.B. ↑Mastergleichung) bestimmt wird. So wird der makroskopische Zustand eines Gases durch eine Wahrscheinlichkeitsverteilung seiner Moleküle bestimmt. Der makroskopische Zustand einer sozialen Gruppe ist durch eine Wahrscheinlichkeitsverteilung sozialer Faktoren und Eigenschaften (z.B. Geschlecht, Beruf, Alter) in einer Soziokonfiguration bestimmt (↑Soziodynamik).

Thermodynamik: Physikalische Theorie, in der es um Wärme, Arbeit, Energie, Entropie und ihre Wechselbeziehungen in einem dynamischen System und seiner Umgebung geht.

Turingmaschine: Logisch-mathematisches Machinenmodell für einen ↑Algorithmus. Nach der Churchschen These ist eine T. Prototyp eines berechenbaren Algorithmus. Eine universelle T. kann im Prinzip jede spezielle T. simulieren. Technisch wird eine universelle T. heute annähernd durch einen Vielzweckcomputer (*general purpose computer*) realisiert, auf dem (wie z.B. auf einem PC) viele Computerprogramme (als Beispiele spezieller T.en) laufen können. In einer nichtdeterministische T. gibt es auch Zufallsbefehle (»Orakel«).

Volatilität: Kursänderungen an der Börse. Klassisch wird V. durch statistische Varianz und Standardabweichung von der Normalverteilung (↑Mildes Rauschen) gemessen. Tatsächlich kann die V. aber turbulent und durch ↑wildes Rauschen bestimmt sein (↑Joseph-Effekt, ↑Noah-Effekt).

Wahrscheinlichkeit: Grad der Möglichkeit des Eintritts eines Ereignisses (objektive W.) oder Grad der Gewissheit oder Glaubwürdigkeit einer Aussage (subjektive W.). Sowohl subjektive als auch objektive W. lassen sich äquivalent axiomatisch definieren.

Wildes Rauschen: ↑Rauschen aufgrund von Potenzgesetzen (↑ Potenzgesetz) wie z.b. rosa $1/f^b$-Rauschen, das vom ↑milden Rauschen abweicht.

Zeitreihe: Datenreihe entlang der Zeitachse, insbesondere Zustandsänderungen eines ↑dynamischen Systems. In einer Z.n-Analyse lassen sich Datenmuster feststellen, die Attraktoren (↑Attraktor) entsprechen und die ↑Komplexität des ↑dynamischen Systems charakterisieren. Damit sind unterschiedliche Grade der Prognostizierbarkeit der Z. verbunden. Beispiele: EKG-Kurve, EEG-Kurve, Börsendaten.

Zellulärer Automat: komplexes System von Zellen (anschaulich z.b. Felder eines Schachbretts), die endlich viele Zustände (z.b. Schwarz- und Weißfärbung) einnehmen können. Seine Dynamik wird durch Regeln bestimmt, wonach sich der Zustand einer Zelle in Abhängigkeit von gewissen Zellzuständen ihrer Nachbarschaft ändert. Z.A.en erinnern daher an zelluläre Organismen der Evolution. Tatsächlich können sich einige Z.A. selber reproduzieren. Sie erzeugen emergente Muster (↑Emergenz) durch ↑Selbstorganisation und simulieren die Attraktordynamik (↑Attraktor) komplexer dynamischer Systeme (↑Komplexität, ↑Dynamisches System) in einem digitalen Modell.

Zufallsfolge: Regellose Folge ohne algorithmisches Bildungsgesetz (↑Algorithmus).

Zufallssequenz: Endliche Sequenz von Symbolen, für die es keine kürzere Beschreibung gibt als die Sequenz selber, d.h. ihre ↑algorithmische Komplexität entspricht der Länge der Sequenz.

Zufallsnetz: Netz mit Knoten, deren Kantenverbindungen zufallsverteilt sind.

Zufallsrauschen: Zerfall aller Korrelationen zwischen Daten und Signalen von Ereignissen (z.b. im Muster einer ↑Zeitreihe). Alle Ereignisse sind unabhängig, so dass selbst kurzfristige Ereignisse (wie z.b. bei ↑Chaos) nicht mehr prognostizierbar sind. Z. entspricht in diesem Fall einer ↑Zufallsfolge oder einer ↑Brownschen Bewegung mit Normalverteilung und ist nur ein extremer Fall des ↑Rauschens von Signalen, die z.b. in ↑Zeitreihen von Natur und Gesellschaft auftreten.

Zweiter Hauptsatz der Thermodynamik: Gesetz der ↑Thermodynamik, nach dem die ↑Entropie eines abgeschlossenen Systems, das nicht im Stoff-, Energie- oder Informationsaustausch mit seiner Umgebung steht, stets wächst oder (im Fall des thermischen Gleichgewichts) konstant bleibt.

Personenregister

Sachregister (Kursive Seitenzahl verweist auf Glossar.)